Dr. E. v. Hofmann

Atlas der gerichtlichen Medizin

Dr. E. v. Hofmann

Atlas der gerichtlichen Medizin

ISBN/EAN: 978374332C581

Hergestellt in Europa, USA, Kanada, Australien, Japan

Cover: Foto ©berggeist007 / pixelio.de

Manufactured and distributed by brebook publishing software
(www.brebook.com)

Dr. E. v. Hofmann

Atlas der gerichtlichen Medizin

Verlag von J. F. LEHMANN in MÜNCHEN

Lehmann's medicinische Handatlanten

In Vorbereitung befinden sich:

Band XVIII. **Atlas und Grundriss der äusseren Krankheiten des Auges.** In circa 80 farbigen Tafeln nach Original-Aquarellen des Malers Johann Fink von Prof. Dr. O. Haab in Zürich.
Preis eleg. geb. circa Mk. 10.—.

Bd. XIX. **Atlas und Grundriss der Unfallheilkunde.** Circa 48 farbige Tafeln., 200 Textabbildungen, und ca. 25 Bogen Text. Von Dr. Ed. Golebiewski in Berlin.
Preis eleg. geb. ca. Mk. 10.—

Bd. XX. **Atlas und Grundriss der orthopädischen Chirurgie** Circa 100 Abbildungen. Von den Docenten Dr. Schulthess und Lüning in Zürich. Preis eleg. geb. ca. Mk. 10.—

Bd. XXI. **Atlas und Grundriss der allgem. Chirurgie** von Dr. A. Hoffa. In ca. 200 Abbildungen.
Preis geb. ca. Mk. 10.—

Bd. XXII. **Atlas und Grundriss der Ohrenkrankheiten.** In ca. 120 farb. Abbildungen.
Preis eleg. geb. ca. Mk. 8. –

Im gleichen Verlage ist weiter erschienen:

Bleuler, Dr. E., Der geborene Verbrecher. Eine kritische Studie. 6 Bg. Text. 8⁰. 1896. Mk. 4.—

von Schrenck-Notzing, Ueber Suggestion und suggestive Zustände. 8⁰. 40 Seiten. 1893. Mk. 1.—

Snell, O., Hexenprocesse und Geistesstörung. Psychiatrische Untersuchungen. 130 Seiten. 8⁰. 1891. Broschiert. Mk. 4.—

Strümpell, Prof. Dr. Ad. v., Die Untersuchung und Behandlung von Unfallkranken. 2 Bg. Text 8⁰. 1896 Mk. 1.—

LEHMANN'S MEDIZIN.

HANDATLANTEN.

BAND XVII.

ATLAS

der

Gerichtlichen Medizin

nach Originalen von Maler **A. Schmitson**

von

Hofrat Professor Dr. E. Ritter von Hofmann,

Director des gerichtlich medizin. Institutes
in Wien.

Mit 56 farbigen Tafeln und 193 fchwarzen Abbildungen.

München.
Verlag von J. F. Lehmann.
1898.

Lieferanten:

Lithographische Tafeln von Fr. Reichhold.
Clichés der schwarzen Abbildungen von Meisenbach, Riffarth & Co.
Druck des Textes und der schwarzen Abbildungen von F. Mühlthaler.
Papier von Otto Heck.
Einbände von Ludwig Beer,
sämtlich in München.

Verzeichnis der Figuren und kolorierten Tafeln.

— — —

Vorwort.

Wenn ich dem an mich ergangenen Ersuchen des
Herrn Verlegers, einen Handatlas der gerichtlichen Medizin
herauszugeben, gerne entsprochen habe, so geschah dies
einesteils, weil das Bedürfnis von Abbildungen ebenso wie
in anderen Disziplinen auch in der gerichtlichen Medizin
sich immer mehr bemerkbar macht, und weil demselben in
dem Rahmen von Lehrbüchern nur in beschränkter Weise
entsprochen werden kann, andererseits, weil wie die in demselben Verlage bereits erschienenen anderweitigen Handatlanten entschiedene Fortschritte auf dem Gebiete dieses
Teiles der technischen Kunst erkennen lassen und deshalb,
sowie ihrer sonstigen Einrichtung wegen allgemeine Anerkennung gefunden haben und schliesslich weil zum ersten
Male Gelegenheit geboten war, ein billiges, daher leicht zu-
gängliches Werk zu liefern, welches auch den gewöhnlichen
praktischen Arzt, sowie den Studenten in den Stand setzt,
sich ohne grosse Auslagen über die wichtigsten gerichtlich-
medizinischen Vorkommnisse im Bilde zu informieren.

Die gebrachten Abbildungen sind durchaus Originalien
und entweder frischen Fällen oder Museumspräparaten entnommen. Einzelne sind fremden, doch ebenfalls originalen
Beobachtungen entlehnt.

Ich hatte dabei stets im Auge, dass der Atlas zur weiteren Illustration eines guten Lehrbuches dienen, und gewissermassen eine Ergänzung desselben bilden soll: ich habe mich deshalb in den gebrachten textlichen Erläuterungen nur kurz gefasst und habe auch eine Reihe von Abbildungen, die sich ohnehin in jedem besseren Lehrbuch der gerichtlichen Medizin und vielfach auch in anderen allgemein verbreiteten Werken finden, z. B. die Blutspektra, Spermatozoiden u. dgl. nicht berücksichtigt, was einesteils die Kosten des Werkes verringerte, anderseits die Aufnahme anderer wichtigerer Bilder ermöglichte.

An eine völlige Erschöpfung des Gegenstandes habe ich niemals gedacht, halte eine solche auch nicht für möglich, wohl aber war ich bestrebt, soweit es Raum und Gelegenheit, sowie die Rücksicht auf den Kostenpunkt gestatteten, instruktive Beispiele wenigstens von den wichtigsten gerichtsärztlichen Vorkommnissen zu bringen.

Die farbigen Abbildungen sowohl, als auch die photographischen Aufnahmen sind von Herrn Maler A. Schmitson mit grossem Geschicke und mit einer für einen Laien anerkennenswerten Richtigkeit der Auffassung ausgeführt worden.

Meine beiden Assistenten, die Herren Doctoren Docent Haberda und Richter, haben bei dem Werke wacker mitgeholfen und ich sage ihnen hiefür meinen besten Dank.

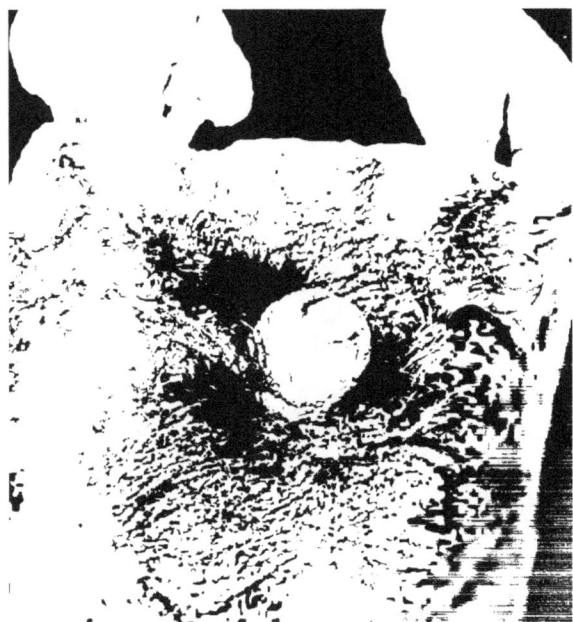

Erklärung zu Figur 1.

Abnorme Kleinheit des Penis. Unvollständiger Kryptorchismus.

Das Genitale rührt von einem 46 Jahre alten ledigen Manne her, welcher plötzlich an Haemorrhagia cerebri gestorben war.

Die Leiche war fett und kräftig gebaut. Das Gesicht mit Ausnahme eines schütteren, flaumartigen Schnurrbartes, bartlos. Kehlkopf nicht vorstehend, durchaus knorplig. Rippenknorpel nicht verkalkt. Mammae unentwickelt. Die Schamhaare nur mässig entwickelt, nach oben quer abgegrenzt.

Der Penis ist in Gestalt eines 1,5 cm hohen, 12 mm breiten cylindrischen Bürzels vorhanden, dessen vordere Hälfte von einer entsprechend kleinen, vorn blossliegenden, hinten vom Präputium bedeckten Eichel gebildet wird. Der Hodensack ein schlaffes, niedriges, gerunzeltes Hautsäckchen mit deutlicher Raphe, in welchem keine Hoden zu fühlen sind, welche sich erst bei der näheren Präparation in der vorderen Partie des Leistenkanals als weiche, schlaffe Gebilde von Wallnussgrösse finden und deutlich Hoden und Nebenhoden erkennen lassen. Die Vesiculae seminales sehr klein und leer. Spermatozoiden weder in diesen noch in den Hoden nachweisbar.

Es handelt sich somit um einen unvollständigen Descensus testiculorum mit Steckenbleiben der Hoden im Leistenkanal und consecutiver Atrophie derselben und um eine abnorme Kleinheit des Penis. Für den angeborenen Ursprung dieser mangelhaften Bildung der Genitalien spricht auch die mangelhafte Entwicklung des männlichen Habitus, wie sie in ähnlicher Weise bei vor erreichter Pubertät kastrierten Individuen sich findet und durch reichliche Fettbildung, fehlenden Bart, nicht prominierendem Kehlkopf und durch die trotz vorgerücktem Alter noch vollkommen weiche und schneidbare Beschaffenheit der Kehlkopf- und Rippenknorpel sich kundgiebt.

Unter diesen Umständen hätte, wenn die Zeugungsfähigkeit des Individuums in Frage gekommen wäre, erklärt werden müssen, dass dasselbe sowohl der Beischlafs- als der Befruchtungsfähigkeit entbehrt.

Erklärung zu Figur 2.

Narbiger Defekt des Penis.

Das Präparat stammt von einem 64jährigen verheirateten Manne. Vater eines zwanzigjährigen Sohnes, welcher am 14. November 1880 morgens plötzlich beim Ankleiden gestorben war und am 15. November behufs Konstatierung der Todesursache seciert wurde; als letztere wurde Herzhypertrophie nach hochgradiger Endarteriitis deformans und Nephritis chronica konstatirt.

In beiden Leistengegenden ausgebreitete, bis auf die Innenfläche beider Oberschenkel, rechts auch auf die Aussenfläche desselben reichende, weisse Hautnarben mit einer dem rechten Poupart'schen Bande entprechenden unterminierten Hautbrücke, welche Narben beiderseits auf die oberen Antheile des Hodensackes übergreifen. Auch an der Innenfläche des linken Knies, sowie an der Hinterfläche des ganzen linken Oberschenkels und an jener des oberen Drittels des rechten solche Narben.

Vom P e n i s nur ein 2 Querfinger langer, unregelmässig gestalteter, plumper Stumpf vorhanden. Die Haut darüber überall narbig, rechts verschiebbar, links hinter der noch erkennbaren Eichelfurche mit der Unterlage verwachsen, wodurch der ganze Penisstumpf etwas nach links gekrümmt ist. Die Eichel flach, pilzförmig, wie von vorn nach hinten zusammengedrückt und zugleich durch eine Narbe nach links verzogen. Ein Frenulum nicht erkennbar. Die Harnröhrenmündung rechts unten, einen klaffenden plumprandigen Querspalt bildend.

Über die Entstehung dieses Defektes war leider nichts zu eruieren, doch scheint derselbe aus der Kindheit herzustammen, da weder die Frau noch der Sohn des Verstorbenen von demselben wussten und ihnen auch von einer in den letzten Decennien erlittenen Krankheit oder Beschädigung des Mannes nichts bekannt war. Höchst wahrscheinlich rühren die Narben und der Penisdefekt von ausgeheilten Brandwunden her.

Trotz der Hochgradigkeit des Defektes hätte dem Untersuchten die B e i s c h l a f s f ä h i g k e i t nicht ganz abgesprochen werden können, da der Penisstumpf 2 Querfinger lang war und bei der Erektion sich noch weiter zu verlängern vermochte, so dass eine Einführung des Gliedes wenigstens in den Scheideneingang möglich gewesen ist. Inwiefern die Narben, speziell die nicht verschiebbare an der linken Seite, die Erektion zu beeinflussen vermochten, lässt sich nicht bestimmen.

Da überdies die Hoden des Mannes trotz seines vorgerückten Alters gross und intakt waren und auch die Ausführungsgänge für den Samen keine Anomalie zeigten, so wäre gegebenen Falls keine Berechtigung zur Erklärung vorhanden, dass der betreffende Sohn nicht von dem Verstorbenen hätte erzeugt worden sein können.

— —

Fig. 2.

Fig. 3

Fig. 4.

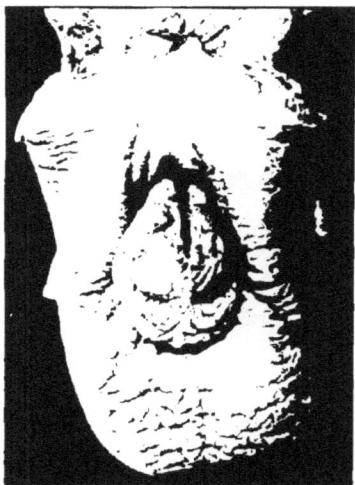

Erklärung zu Fig. 3 und 4.

Fig. 3. Verwachsung der Unterfläche des Penis mit der Scrotalhaut (Synechie).

Dieser seltene Befund ergab sich bei einem 4jährigen, sonst normal gebildeten Knaben. Die Haut des Penis ist von dessen Wurzel angefangen bis zum Präputium mit der vorderen Scrotalfläche verwachsen, dessen Haut entlang der vorderen Partie der Raphe des Scrotums unmittelbar in die der Seitenflächen des Penis übergeht. Sonst ist das Genitale vollkommen normal.

Diese Verbildung hätte in späteren Jahren vielleicht für die Frage der Beischlafsfähigkeit eine Bedeutung erhalten können, insofern als sie vielleicht eine Behinderung der Erektions- und der Immissionsfähigkeit des Gliedes bedingt haben würde. Die Beeinträchtigung der Erektion dürfte wohl keine grosse geworden sein, da die corpora cavernosa normal gebildet sind und die Schlaffheit und Dehnbarkeit, sowohl der Scrotal- als der Penishaut grössere Exkursionen gestattet. Dagegen dürfte sich wohl eine Behinderung der Immissionsfähigkeit eingestellt haben, die jedoch deshalb nicht als ein wesentliches Begattungshindernis bezeichnet werden könnte, weil erstens wenigstens eine Immission in die Vulva gestattet ist und zweitens, weil durch eine kleine Operation das Übel radical beseitigt werden kann.

Fig. 4. Epispadie.

Genitale eines 5 Monate alten Knaben. Hodensack normal gebildet, beide Hoden enthaltend. Der Penis etwas verkürzt, vorn keulenförmig verdickt, welche Verdickung aussen durch das oben gespaltene Präputium durch die auffallend breite, von vorn nach hinten wie abgeflachte Eichel veranlasst wird. Letztere ist am Rücken von der Harnröhrenmündung aus wie aufgeschlitzt, welche Aufschlitzung auf dem Rücken des Penis rinnenförmig bis unter die Symphysis ossium pubis sich fortsetzt, von wo man in die Harnblase gelangen kann. Unterhalb der Symphyse bildet die Haut einen bogenförmigen nach unten offenen Wulst, unter welchem die Wurzel des Penis sich verbirgt.

Da das Genitale sonst normal gebildet und die corpora cavernosa gut entwickelt waren, so wäre später die Beischlafsfähigkeit nicht beeinträchtigt gewesen. Aber auch die Befruchtungsfähigkeit hätte man nicht ganz ausschliessen können, da eine Ejakulation von Sperma, wenn auch nicht in die Vagina selbst, so doch in den Introitus derselben oder wenigstens in die Vulva möglich gewesen wäre.

Erklärung zu Fig. 5 und 6.

Fig. 5. Pseudohermaphrodisia masculina.

Weibliches Kind mit normalen inneren und zwitterhaften äusseren Genitalien. An letzteren sind die grossen und kleinen Labien normal gebildet, die Clitoris jedoch ungewöhnlich gross und wie ein Penis mit Hypospadie geformt. Sie ist stark nach abwärts gekrümmt und zeigt an ihrer Unterfläche eine von der Spitze der Eichel nach rückwärts ziehende, rinnenförmig gespaltene Harnröhre, welche erst im Damme sich schliesst und in die Blase führt. Der Scheideneingang ist stark verengt, kaum linsengross, übergeht aber sofort in die normal weite Vagina. Ein Hymen ist nicht vorhanden.

Fig. 6. Ungewöhnliche Entwicklung der Clitoris.

Das Genitale ist ein weibliches mit normaler Bildung der grossen und kleinen Labien, doch mit stark verengtem Ostium vaginae. Die Clitoris hat einen entschieden penisartigen Charakter, ist 4,5 cm lang, 3 cm breit, besitzt ein stark gerunzeltes Präputium und eine kräftig gebildete, jedoch undurchbohrte Eichel, von deren Spitze eine rinnenförmige Furche entlang der Unterfläche der Clitoris bis zur Symphyse sich zieht und oberhalb des verengten Scheideneinganges in die Harnblase einmündet.

Das Genitale ist im kindlichen Alter für ein männliches gehalten worden, wurde jedoch nach wiederholt eingehender Untersuchung als ein weibliches erkannt.

Fig. 5

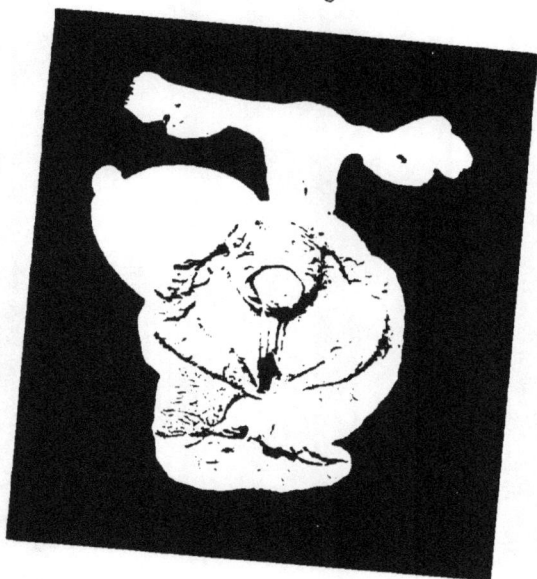

Fig. 6.

Fig. 7.

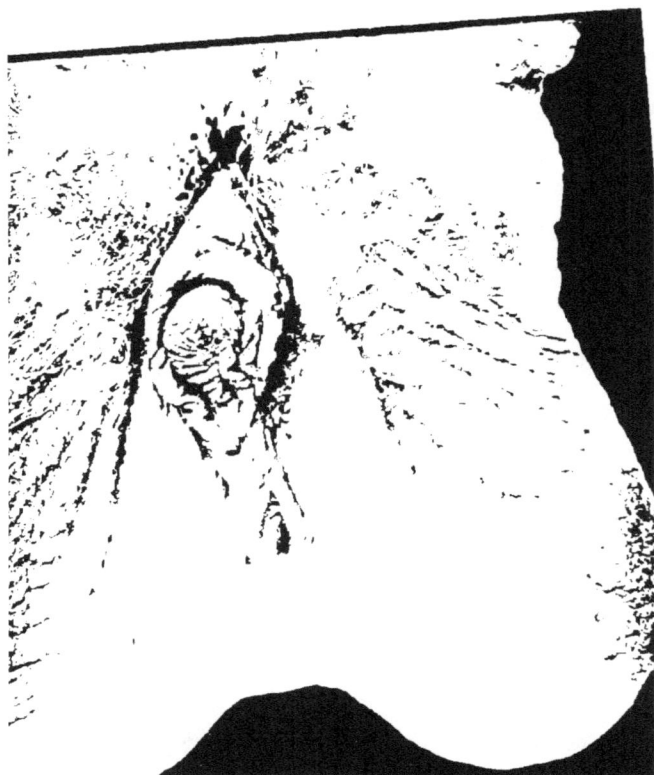

Erklärung zu Fig. 7.

Pseudohermaphrodisia externa masculina.

Der abgebildete Fall betrifft eine 62 Jahre alte, ledige Hausiererin, welche durch Sturz von einem Wagen verunglückte und deren wahres Geschlecht erst bei der behördlichen Sektion konstatiert wurde.

Die Leiche war 153 cm lang, knochig, muskelschwach, mager und etwas marastisch. An der Oberlippe und am Kinn vereinzelte kurze, graue Haare. Das sonstige greisenhafte Gesicht unbehaart. Schamhaare blond, mässig entwickelt, die Haargrenze nach oben bogenförmig abgeschlossen.

Der Penis so gross, wie das Nagelglied eines Daumens, die haselnussgrosse Eichel von einem kurzen Präputium teilweise bedeckt, welches im unteren Teil wie gespalten ist und sammt dem dazwischen liegenden verdickten und ebenfalls gespaltenen Frenulum auf 1,5 cm Länge in der Richtung der Raphe herabsteigt, sich dann mit letzterem zu einem fast 1 cm breiten, derben, wie sehnig aussehenden, vorspringenden Wulst vereinigt, der nach einem 1,3 cm langen Verlaufe wieder auseinander geht und in einer spitzovalen 1,5 cm langen, von wulstigen, sehnig-derben Rändern umgebenen Spalte endet, welche sich trichterförmig nach innen und oben vertieft, von wo aus man in die Harnröhre und Blase gelangt. Diese Spalte war auch bei abgezogenen Schenkeln von den tief herabhängenden Hodensackhälften verdeckt, welche zwischen sich einen trichterförmig sich vertiefenden grossen Raum übrig liessen, in dessen Tiefe eben jene kleinere Spalte lag, wodurch offenbar und durch die Kleinheit des Penis eine Vulva vorgetäuscht und dadurch die Geschlechtsverwechslung veranlasst wurde.

Die in den Hodensackhälften gelegenen Hoden zeigten die gewöhnliche Grösse, waren jedoch weich und am Schnitt zimmtbraun. Die Vasa deferentia waren durchgängig, der Schnepfenkopf in der hinteren Partie der Harnröhre samt den Utriculus und den Ductus ejaculatorii normal gebildet, die Samenblasen klein, wenig gelappt, enthielten eine Menge bräunlicher Flüssigkeit. Samenfäden waren nirgends nachweisbar.

Von den Angehörigen hatte niemand eine Ahnung, dass die Verstorbene eine Abnormität an den Genitalien gehabt habe. Auch die Verstorbene selbst hat niemals Angaben in dieser Richtung gemacht, doch soll sie niemals menstruiert und nie geschlechtliche Regungen verraten haben, deshalb auch ledig geblieben sein.

Erklärung zu Fig. 8 bis 13.

Hymen annularis und semilunaris.

Fig. 8. Ringförmiger Hymen, Hymen annularis, mit weiter Öffnung und überall gleich hohem, circulär den Scheideneingang umkreisenden, glattrandigen Saum.

Fig. 9. Ringförmiger Hymen mit oberen, etwas ausgezackten, sonst ziemlich glattrandigem Saum, auf dessen Hinterfläche die hintere Columna rugarum nach links übergreift.

Fig. 10 bis 12. Übergänge zum halbmondförmigen Hymen, indem die Hymenöffnung nicht mehr central liegt, sondern nach oben verschoben ist, weshalb der untere Hymensaum breiter ausfällt, als der obere. In Fig. 12 die schiffkielförmige Art der Zusammenlegung der Hymenalfalte bei geschlossenem Genitale angedeutet.

Fig. 13. Halbmondförmiger Hymen, H. semilunaris. Sichelförmige, scharfrandige Falte im unteren Anteil des Scheideneinganges, deren Hörner jederseits in der Mitte des letzteren enden!

Fig. 8.

Fig. 9.

Fig. 10.

Fig. 11.

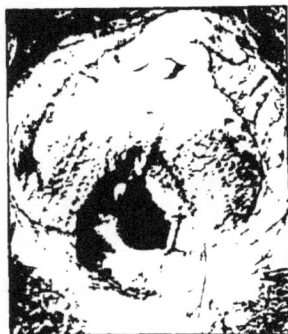

Fig. 12.

Fig. 13.

Fig. 14.

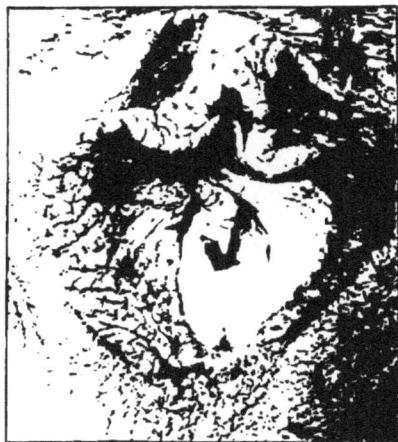

Fig. 15.

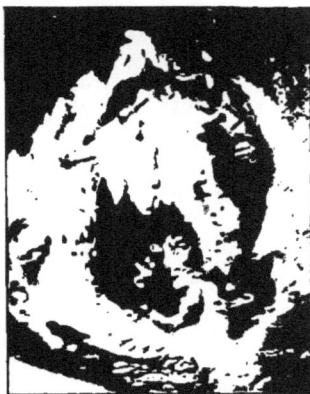

Fig. 16.

Fig. 17.

Fig. 18.

Hymenformen mit angeborenen Einkerbungen.

Fig. 14. Hymen mit excentrisch nach oben liegender Öffnung von welcher im linken oberen Quadranten eine breite, bis zur Wand des Scheideneinganges reichende Kerbe mit leicht gefransten Rändern abgeht.

Fig. 15. Ringförmiger Hymen mit mehrfachen glatten Ausbuchtungen des freien Randes.

Fig. 16. Hymen eines Neugeborenen mit tiefer Kerbe rechts unten.

Fig. 17. Ringförmiger Hymen mit je einer tiefen, angeborenen Kerbe unten und im linken oberen Anteil. Sämtliche Ränder glatt und abgerundet.

Fig. 18. Hymen annularis von fleischiger Konsistenz mit 4 starken Einkerbungen, welche in gleicher Weise wie die dazwischen liegenden Hymenlappen gleichmässig sich verdünnende glatte Ränder besitzen.

Erklärung zu Fig. 19 bis 23.

Hymenformen mit angeborenen Kerben.

Fig. 19. Hymen mit zahlreichen, in regelmässigen Abständen angeordneten seichten Kerben, die dem freien Rand ein wie gezähntes Aussehen verleihen.

Fig. 20. Hymen semilunaris mit je einer im mittleren Seitenanteil gelegenen Einkerbung.

Fig. 21 u. 22. Tiefe unregelmässige Einkerbungen am Hymen von Neugeborenen, wodurch dasselbe eine gelappte Beschaffenheit erhält.

Fig. 23. Gelappter Hymen von einer geschlechtsreifen Virgo. Dasselbe besitzt eine weite, ausgebuchtete Öffnung, bildet kein sich spannendes Diaphragma und gestattet die Einführung selbst eines voluminösen Körpers (Speculums) ohne Zerreissung, indem sich die Lappen einfach zurückschlagen.

Fig. 24. Gelappter Hymen von einer erwachsenen Virgo. Das Hymen besteht aus mehreren Lappen, welche abgerundete Ränder besitzen, stellenweise eine leichte Fimbrienbildung zeigen und sich leicht zurückschlagen lassen. Da zugleich der untere Saum auffallend schmäler ist, als die übrigen, so bildet dieses Hymen einen Übergang zum sog. lippenförmigen Hymen.

Fig. 19.

Fig. 20.

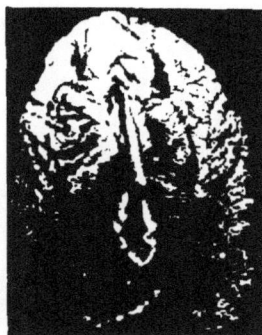

Fig. 21.

Fig. 22.

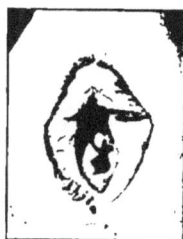

Fig. 24.

Fig. 23.

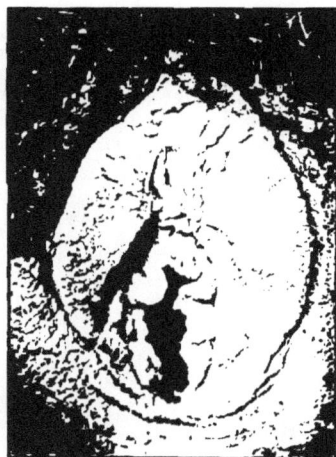

Fig. 25.

Fig. 26.

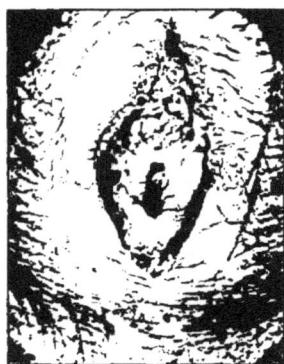

Fig. 27.

Fig. 28.

Fig. 29.

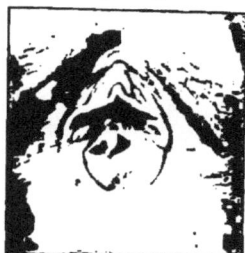

Erklärung zu Fig. 25 bis 29.

Hymen fimbriatus und Hymen bipartitus o. septus.

In Fig. 25 sehen wir bei einer 18jährigen Virgo an dem im ganzen ringförmigen Hymen eine ziemlich breite Einkerbung im rechten mittleren Anteil und 2 spaltförmige, radiär verlaufende im linken, welche sämtlich an der Hinterwand der Scheidenklappe zwischen die auf letztere übergreifende Leisten der Scheidenschleimhaut sich fortsetzen. Der freie Rand sowohl dieser Kerben als der übrigen Hymenränder ist mit äusserst zarten, fimbrienartigen Papillen besetzt, welche sich auch zerstreut auf der vorderen Fläche des Hymen, an der Innenfläche der kleinen Labien, besonders im oberen Anteil und in der Clitorisgegend finden. Es handelt sich somit um eine offenbar angeborene papillöse Hyperplasie der Schleimhaut des äusseren Genitale und speziell um eine Hymenbildung, die seit Luschka als Hymen fimbriatus bezeichnet wird.

Fig. 26 und 27 zeigt zwei andere solche noch schöner ausgebildete Fälle. In beiden ist der Hymen gelappt und der freie Rand aller Lappen und deren Ausbuchtungen in Fig. 26 mit sehr feinen, wimperartigen, in Fig. 26 mit etwas gröberen Fortsätzen besetzt, wodurch beide Hymen ein blumenkronenartiges Aussehen erhalten.

Fig. 28 und 29 liefert Beispiele von sog. überbrückten Hymenformen — Hymen bipartitus oder H. septus. Beide betreffen ringförmige Hymen mit nach oben verschobener Öffnung, welche durch eine von oben nach unten verlaufende, schmale Schleimhautspange in 2 gleich grosse abgeteilt ist. Diese Hymenform kommt häufig mit sonstigen Spuren der ehemaligen Zweiteilung des Genitalschlauches in verschiedenen Kombinationen vor, so dass ein Nexus zwischen beiden dieser Bildungen zu bestehen scheint. Fig. 28 ist auch dadurch von Interesse, dass die Brücke in ihrer Mitte wie eingeschnürt erscheint.

Erklärung zu Fig. 30 bis 34.

Hymenformen mit überbrückter Öffnung.

Fig. 30, 31 und 32 zeigt die gleiche Brückenbildung mit symmetrischen Öffnungen beim halbmondförmigen Hymen. Insbesondere schön ist der in Fig. 31 abgebildete Fall, weil die Brücke einen feinen Faden darstellt, der von der Mitte der Hymensichel zur oberen Peripherie des Scheideneinganges hinaufzieht und so dem Hymen die Form eines gespannten Segels verleiht.

Fig. 33. Dieser Hymen wurde bei einer 24jährigen, ledigen Person gefunden. Er ist von ausserordentlich derber, fast sehniger Beschaffenheit und besitzt 2 fast bohnengrosse, seitlich gelagerte und durch eine bis 1 cm breite und $^1/_2$ cm dicke, sehr derbe, sehnige Brücke getrennte Öffnungen. Es unterliegt keinem Zweifel, dass dieses Hymen wegen seiner ungewöhnlichen, durch die Brückenbildung noch erhöhten Festigkeit ein entschiedenes Begattungshindernis gebildet und daher im Falle der Verheiratung möglicherweise von Seite des Ehemannes zu einer Ehescheidungs- oder Trennungsklage Veranlassung gegeben haben würde.

Von Seite des Gerichtsarztes hätte erklärt werden müssen, dass 1. ein zweifelloses Begattungshindernis vorhanden ist, dass 2. dasselbe schon vor der Eheschliessung bestand, dass aber 3. dasselbe operativ behoben werden kann. Die Möglichkeit einer Befruchtung trotz des Begattungshindernisses könnte nicht unbedingt negiert werden, da auch bei einem Coitus bloss in der Vulva das Sperma in die Vagina eindringen und befruchten konnte, für welche Möglichkeit zahlreiche, wirkliche Vorkommnisse den Beweis liefern.

Fig. 34. Überbrückter circulärer Hymen einer mannbaren Person mit einer rechtsseitigen grossen und einer linksseitigen bedeutend kleineren, rundlichen, glattrandigen Öffnung. In diesem Falle wäre beim Coitus nur eine einseitige Läsion des Hymen möglich gewesen, da der Penis leichter durch die grössere Öffnung eingedrungen wäre und die linke samt der Brücke wahrscheinlich intakt gelassen hätte.

Fig. 30.

Fig. 31

Fig. 32.

Fig. 33.

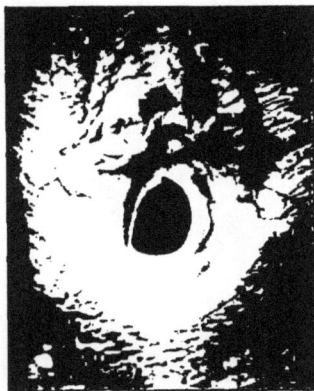
Fig. 34.

Fig. 35.

Fig. 36.

Fig. 37.

Fig. 38.

Erklärung zu Fig. 35 bis 38.

Überbrückte Hymen mit ungleich grossen Öffnungen.
Partiell überbrückter Hymen.

Fig. 35. Überbrückter Hymen eines mannbaren Mädchens mit einer rechten, grossen, unregelmässig, dreieckig gestalteten Öffnung, deren Basis der Brücke, deren Scheitel der Wand der rechten Seite des Scheideneinganges entspricht; die linke Öffnung ist unregelmässig rundlich, etwa linsengross. Der Hymen im ganzen fleischartig. Auch hier wäre das Eindringen des Penis wahrscheinlich zunächst durch die rechte grosse Öffnung erfolgt, zumal diese Hymenhälfte kein sich spannendes Diaphragma bildet, sondern eigentlich nur aus zwei Lappen besteht, die sich zurückschlagen lassen.

Fig. 36. Halbmondförmiger Hymen von einem Säugling mit linker, grosser und rechter mehr nach oben gelegener kleiner Öffnung.

Fig. 37. Hymen annularis einer erwachsenen Person mit multiplen, durch Übergreifen der Scheidenrunzeln auf die Hinterfläche des Hymen veranlassen Taschenbildungen und mit einer schmalen Brücke, welche hinter der unteren Insertion des Hymens von jenen Runzeln abgeht und etwas schief nach rechts und oben zieht, wo sie ebenfalls in einer der Schleimhautfalten hinter dem Hymen sich verliert. Auch vom oberen Rande des Hymensaumes geht ein kegelförmiger Fortsatz ab, der in die Hymenalöffnung vorspringt.

Fig. 38. Ringförmiger Hymen eines 20 jährigen Mädchens, an welchem von der Mitte der unteren Peripherie des Hymensaums als Fortsetzung des hinter diesen gelegenen Stützpfeilers ein fleischiger 1 cm langer Zapfen abgeht, der steil in die Hymenöffnung vorspringt. Es ist dies ein sog. Hymen partim septus, an welchem nur der untere Teil der Brücke sich erhalten hat.

Erklärung zu Fig. 39 bis 44.

Hymenformen mit Septumrudiment.

Fig. 39. Ringförmiger Hymen mit sehr schmalem Saum, von dessen unterer Peripherie ein fleischiger, etwa 1 cm langer und $\frac{1}{2}$ cm breiter Lappen nach rechts heraushängt, welcher als rudimentäre Brückenbildung aufzufassen ist.

Fig. 40 zeigt einen fast gleichen Fall mit etwas breiterem, heraus-hängendem Lappen.

Fig 41 ist ein überbrücktes Hymen mit 2 seitlichen, ziemlich gleichen Öffnungen, dessen fleischige Brücke kielförmig vorspringt und nach abwärts in einen konischen, 1 cm langen Zapfen übergeht, der aus der Vulva hervorragt.

Fig. 42. Unregelmässig ringförmiger Hymen mit einem spulrunden, wurmförmigen Fortsatz, der von dem Stützpfeiler an der Hinterwand des Hymen abgeht und über den Rand des letzteren herabhängt.

Fig. 43. Aus 3 schmalen Lappen bestehender Hymen eines Säuglings, von denen 2 seitlich gelagert sind, während der dritte in Form eines konischen Zapfens von der Mitte der hinteren Peripherie des Scheideneinganges und als Fortsetzung der Columna rugarum posterior ziemlich steif nach oben steht.

Fig. 44. Halbmondförmiger Hymen eines neugeborenen Kindes mit einem konischen Zapfen, der unabhängig von der Hyménsichel unterhalb der Harnröhrenmündung abgeht und stachelförmig vorsteht.

Fig. 39.

Fig. 40.

Fig. 41.

Fig. 42.

Fig. 43.

Fig. 44.

Fig. 45.

Fig. 46.

Fig. 47.

Fig. 48.

Fig. 49.

Erklärung zu Fig. 45 bis 49.

Abnorme Öffnungen im Hymen. Deflorierte Hymen.

Fig. 45. Ringförmiger Hymen eines 17jährigen Mädchens mit senkrecht gestellter, fast rechteckiger, an den Rändern leicht ausgebuchteter Öffnung, unter welcher, durch eine quere schmale Brücke von ersterer getrennt, sich eine zweite linsengrosse rundliche Öffnung findet, die auf den ersten Blick für eine traumatisch entstandene gehalten werden könnte, aber durch die fein und gleichmässig gefranste Beschaffenheit des Randes sich als angeborene Bildung erweist.

Fig. 46. Fester Hymen eines Säuglings, dessen Öffnung durch eine quere, fast sehnige Brücke in eine obere unregelmässig rundliche kleinere und eine untere kreisrunde etwas grössere abgeteilt ist.

Fig. 47. Breiter halbmondförmiger Hymen, in welchem ausser der gewöhnlichen Öffnung eine zweite kleinere im linken Anteil sitzt, welche verdünnte durchscheinende Ränder zeigt und welcher eine verdünnte und durchscheinende, aber nicht durchbrochene Stelle in der anderen Hymenhälfte entspricht.

Fig. 48. Deflorierter ringförmiger Hymen eines 12jährigen Mädchens, welches infolge virulenter Blennorrhoe an Peritonitis gestorben war. Der Hymen war gerötet und geschwellt und zeigte 4 seichte radiär verlaufende, bis 2 Millimeter tiefe Einrisse des freien Randes, welche durch Eiter verklebt waren und eine deutliche wunde Beschaffenheit zeigten. Die Defloration war 10 Tage vor dem Tode erfolgt, wobei das Mädchen durch den mit Tripper behafteten Mann infiziert wurde.

Fig. 49. Halbmondförmiger breiter Hymen einer im 6. Monat der ersten Schwangerschaft an einem Herzklappenfehler gestorbenen Frau. Die anatomische Läsion des Hymens kam in der Weise zu Stande, wie sie beim haldmondförmigen Hymen fast als typisch bezeichnet werden kann, nämlich durch je einen seitlichen, im vorliegenden Falle tiefen Einriss in der grössten Excavation der Hymensichel, so dass 2 seitliche und ein hinterer, mittlerer, unregelmässig dreieckiger Lappen zurückbleiben. Letzterer erhält sich deshalb so häufig, weil er des hinteren durch die Columna rugarum gebildeten Stützpfeilers wegen in der Regel eine besondere Festigkeit besitzt.

Erklärung zu Fig. 50 bis 55.

Deflorierte Hymen. Carunculae myrtiformes.

Fig. 50. Unvollständig halbmondförmiger Hymen mit zwei ausgeheilten symmetrisch zu beiden Seiten der Mittellinie gelegenen tiefen Einrissen im unteren Anteil, wodurch 2 seitliche und ein mittlerer dreieckiger Lappen entstanden resp. zurückgeblieben sind.

Fig. 51. Ringförmiger Hymen mit einem rechten breiten und einem linken schmäleren und höher gelegenen ausgeheilten Deflorationsriss, welche beide bis zur Vaginalwand reichen.

Fig. 52. Ringförmiger Hymen mit einem bis zur Vaginalwand reichenden breiten Einriss in der rechten seitlichen Hymenpartie.

Fig. 53. Äusseres Genitale einer Frau, die vor einem halben Jahre ein ausgetragenes Kind geboren hat. Der Scheideneingang ist stark erweitert, die hintere Commissur narbig. Vom Hymen nur kleine teils dreieckige resp. konisch geformte, teils höckerige Reste vorhanden, welche nach der erst bei der Entbindung erfolgten Zerreissung des deflorierten Hymen zurückgeblieben sind und als Carunculae myrtiformes bezeichnet werden.

Fig. 54. Äusseres Genitale nach mehrmaliger Entbindung. Der Scheideneingang stark erweitert, im hinteren Anteil glatt, im vorderen mit einzelnen höckerigen Hymenresten — Carunculae myrtiformes —. besetzt. Die hintere Commissur ohne Narben, doch sehr schlaff.

Fig. 55. Hymen nach mehrfachen Entbindungen. Ursprünglich ringförmig. Gegenwärtig nur teils höckerige, teils lappige Reste vorhanden. An der hinteren Peripherie des Scheideneinganges an der Stelle des ehemaligen von der Columna rugarum gebildeten Stützpfeilers ein plumper kegelförmiger, nach einwärts ragender Zapfen.

Fig. 50.

Fig. 51.

Fig. 52.

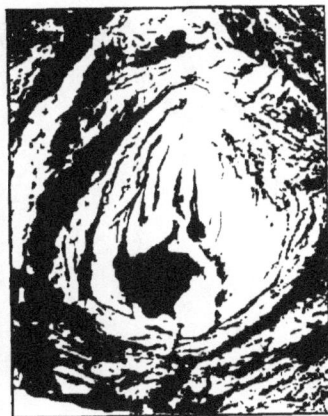

Fig. 53.

Fig. 54.

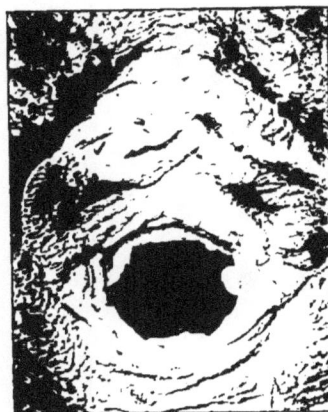

Fig. 55.

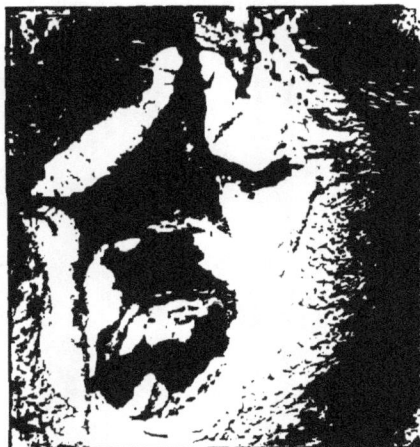

Fig. 56.

Fig. 57.

Fig. 58.

Fig. 59.

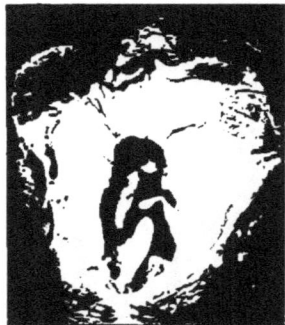

Hymen septus nach der Defloration und nach der Entbindung.

Fig. 56. Deflorierter Hymen septus einer 18 jährigen Prostituierten. Die Defloration und die weiteren Coitusakte geschahen durch die linke, wahrscheinlich schon von Haus aus etwas grössere Hymenöffnung, welche nach unten und innen einen deutlichen, narbig verheilten Einriss zeigt. Auch nach aussen bemerkt man zwei seichte, jedoch nicht narbige Einkerbungen. Die rechte Hymenöffnung und das Septum sind intakt.

Fig. 57. Nach der Defloration und nach einer Entbindung zurückgebliebene Reste eines ehemaligen Hymen septus. Vom letzteren ist nur ein oberer kürzerer und ein unterer längerer zapfenförmiger peripher sich zuspitzender schmaler Rest des ehemaligen Septums vorhanden, während die übrigen Hymenpartien vollständig fehlen, so dass an der ausgeglätteten Wand des erweiterten Scheideneinganges nicht einmal Spuren von Carunkeln zu sehen sind. Wahrscheinlich hat die Frau mehrmals geboren.

Fig. 58. Deflorierter Hymen septus einer 29 jährigen Frau, welche im 5. Monate ihrer ersten Schwangerschaft an Hämorrhagia intermeningealis infolge Berstung eines kleinen Aneurysmas der einen Arteria fossa Sylvii gestorben ist. Ursprünglich war der Hymen offenbar ringförmig, mit einer schief von links und oben nach rechts und unten verlaufenden Brücke, welche bei der Defloration zerrissen beziehungsweise vom übrigen Hymen partiell abgerissen wurde.

Fig. 59. Äusseres Genitale einer älteren Frau, die mehrmals geboren hatte. Im oberen linken Anteil des stark erweiterten und ausgeglätteten Scheideneinganges bemerkt man eine wurmförmige, von derber Schleimhaut gebildete senkrecht herabhängende Schlinge mit bohnengrosser Öffnung und ihr gegenüber im unteren rechten Anteil des Scheideneinganges einen breit aufsitzenden, plump konischen, über 1 Centimeter hohen in das Ostium vaginae hineinragenden Zapfen. Offenbar bestand auch hier ursprünglich ein Hymen septus mit einer rechten grossen und einer linken kleineren und höher gelegenen Öffnung, von welcher letztere sich trotz wiederholter Entbindungen erhielt, während die andere teils schon bei der Defloration, teils durch die Geburten unregelmässig eingerissen resp. vom Septum abgerissen worden ist.

Traumatische Verletzungen des äusseren Genitales.

Fig. 60. Quergestellte schlitzförmige, 1,5 cm lange Wunde in der Fossa navicularis, welche unmittelbar vor dem Hymen die Schleimhaut durchbohrt und trichterförmig sich verschmälernd hinter der hinteren Scheidenwand auf 1,5 cm Tiefe in das Zellgewebe sich fortsetzt. Die Verletzung betraf ein fast 2 Jahre altes Kind, unter welchem der thönerne Nachttopf zusammengebrochen war, wobei ein Splitter in das Genitale eindrang. Der Tod erfolgte erst nach 10 Tagen an Pyämie.

Fig. 61. Das Genitale einer jungen, zum erstenmale schwangeren Frau, welche beim Aufräumen ihres Zimmers ausgeglitten und mit den Geschlechtsteilen auf eine kantige Bettleiste aufgefallen war. Sofort beträchtliche Blutung, welche mit kalten Überschlägen zu stillen versucht wurde, aber nicht sistiert werden konnte. Erst nach einer Stunde wurde ein Arzt geholt, der, statt die Wunde sofort zu nähen, die Frau ins Spital transportieren liess, woselbst sie als Leiche anlangte. Die gerichtliche Obduktion ergab hochgradige äussere und innere Anämie und starke Besudelung des Unterkörpers mit angetrocknetem Blut. Unterhalb der Clitoris eine dreieckige Wunde mit etwas gequetschten 1 cm langen Seiten, welche die Schleimhaut durchdrang und auf etwa 1 cm gegen die Symphyse zu ins Unterschleimhautgewebe sich trichterartig fortsetzte. Das Zellgewebe war im Grunde und in der Umgebung mit frischgeronnenem Blute stark suffundiert, die Verletzung eines grösseren Gefässes nicht nachweisbar.

Verletzungen dieser Partie des äusseren Genitales sind als gefährlich bekannt wegen des grossen Gefässreichtums der betreffenden Gewebe. In vorliegendem Falle war die Verletzung wegen der bestehenden, bereits bis zum 6. Monat gediehenen Schwangerschaft und der dadurch bedingten stärkeren Füllung der Gefässe eine noch grössere. Rasches Eingreifen ist in solchen Fällen dringend angezeigt und hat am zweckmässigsten durch Vernähen zu geschehen.

Fig. 62. Stammt von einem 20 Monat alten Mädchen, welches von der Tramway überfahren wurde. Mehrfache Rippenbrüche. Zerreissung der Lungen und des Zwerchfelles, Leberrupturen. Suffusion des Bauchfelles in der Beckengegend ohne Fraktur des Beckens. Der Damm seiner ganzen Länge nach eingerissen. Die Vagina samt dem ringförmigen Hymen von der Umgebung abgerissen, frei in der trichterförmig sich vertiefenden Genitalwunde liegend und gegen die Tiefe derselben zurückgezogen. Hymen und Vagina sonst unverletzt.

Fig. 60.

Fig. 61.

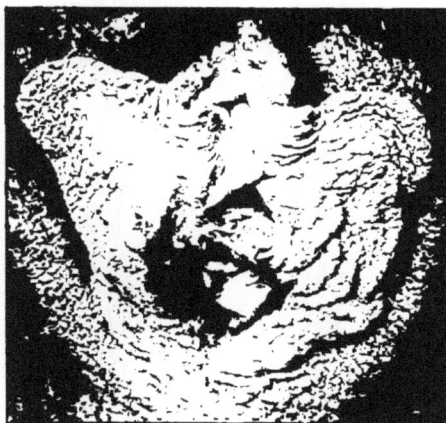

Fig. 62.

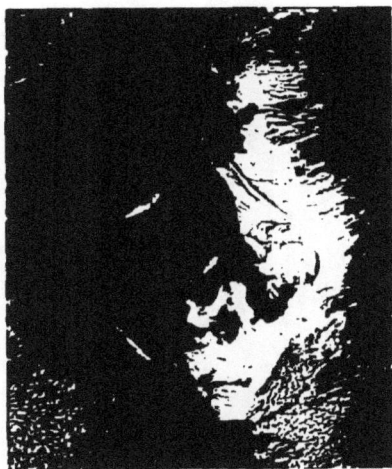

Fig. 63.

Fig. 64.

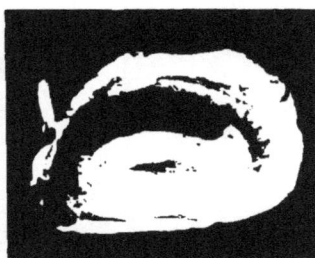

Fig. 66.

Fig. 65.

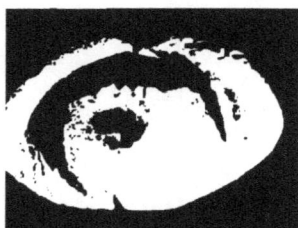

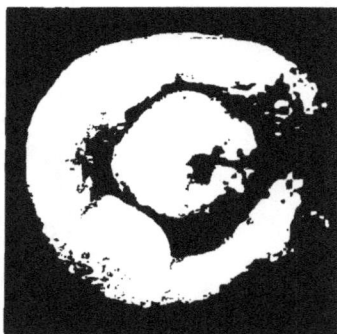

Fig. 67.

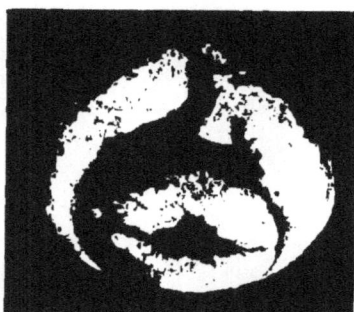

Verhalten des virginalen Muttermundes und bei Personen, die schon geboren haben.

Der äussere Muttermund von geschlechtsreifen virginalen Individuen stellt in der Regel eine quergestellt ovale Öffnung oder eine Querspalte dar, klafft wenig oder gar nicht und seine Umrandung, sowie der Cervix sind vollkommen glatt. (Fig. 63, 64 und 65.)

Im vorgerückteren Alter ändert sich das Aussehen häufig, indem man dann eine rundliche, kleine Öffnung findet, deren Rand und Umgebung ebenfalls glatt erscheint. (Fig. 66.) Gleiches kann durch pathologische Prozesse und durch Abortus erfolgen.

Hat die Frau bereits geboren, so präsentiert sich der äussere Muttermund entweder als lange klaffende Querspalte (Fig. 67) oder als eine klaffende rundliche Öffnung von solcher Grösse, dass man in der Regel die Fingerspitze einzulegen vermag. In beiden Fällen ist die Umrandung nicht mehr glatt, sondern mehr weniger tief und narbig gekerbt, welche Kerben bei der erstgenannten Form vorzugsweise an den Enden der Querspalte, bei der zweiten ausserdem auch andere Stellen der Öffnung sich finden.

Cervix und Vagina unmittelbar nach der Entbindung.

M. V., 35 Jahre alt, 3 Para, Milchverschleissersgattin, wurde am 11. Dezember 8 Uhr abends unter Intervention einer Hebamme von einem 7 monatlichen Kinde entbunden und starb eine Stunde darnach unter Erscheinungen grosser Atemnot und heftigem Husten. Soll seit Jahren an Herzklopfen gelitten haben.

Die am 12. Dezember vorgenommene Obduktion ergab: Oedema pulmonum. Stenosis ostii venosi sin. Endocarditis verrucosa recrudescens und Hydrops universalis levis. Der Uterus von der Grösse des Kopfes eines 4 jährigen Kindes, gut zusammengezogen, von aussen glatt und sehr blass. Seine Höhle faustgross, Innenwand rauh, von Deciduafetzen und Blutgerinnseln belegt, von frischem Aussehen. Placentarstelle an der Hinterwand des Grundes. Die Uteruswand bei 3,5 cm dick, blass, mit klaffenden Gefässen. Der äussere Muttermund, sowie der Cervicalkanal für 4 Finger durchgängig, stark gewulstet, wie ödematös mit radiären seichteren und tieferen, blutig suffundierten, frischen Einrissen und mehrfachen alten, von früheren Entbindungen herrührenden, narbigen Einkerbungen.

Die Scheide weit, mässig gerunzelt. Der Scheideneingang mit zahlreichen, seichten, blutig suffundierten Einrissen. Hintere Commissur narbig zerstört. Vom Hymen nur Spuren von «Carunkeln» vorhanden.

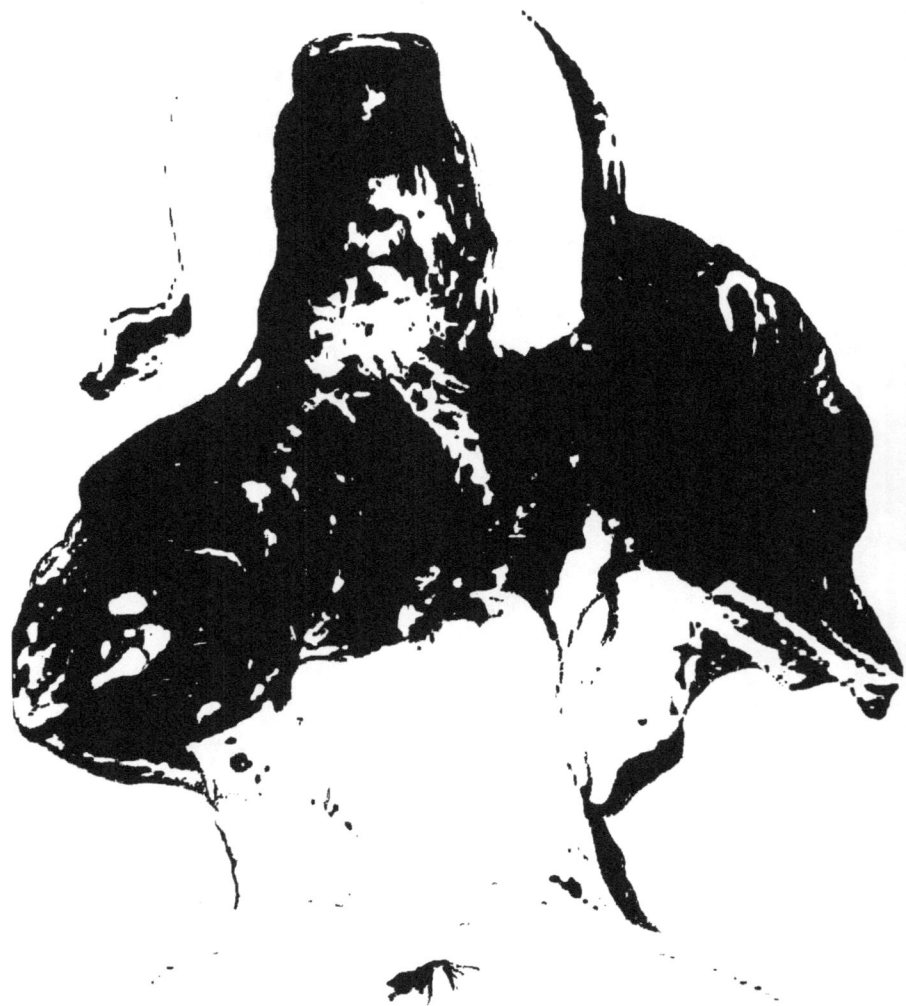

Erklärung zu Tafel 2.

Ruptura uteri spontanea.

A. H. Hausbesitzersgattin, 38 Jahre alt, legte sich am 9. Dezember vormittags wegen Wehen zu Bette, liess eine Hebamme holen, welche den Geburtsfall für einen schwierigen erklärte und um einen Arzt schickte. Dieser fand nichts Bedenkliches. Als die Entbindung der Frau trotz starken Wehen nicht vorrückte und deren Befinden sich Nachmittag plötzlich verschlimmerte, wurde der Arzt abermals geholt, der nach Konsultierung eines zweiten Arztes den Zustand für gefährlich erklärte und die Überbringung der Frau in die Gebäranstalt verfügte. Auf dem Transporte starb die Frau und wurde an ihr in der Aufnahmskanzlei der Kaiserschnitt vorgenommen, welcher ein reifes, totes Kind zu Tage förderte, das sich in gewöhnlicher Kopflage befunden haben soll.

Gerichtliche Sektion am 12. Dezember: die Leiche äusserlich und innerlich sehr anämisch. Der Bauch durch einen vom Nabel bis zur Symphyse reichenden reaktionslosen Schnitt eröffnet und wieder vernäht. In der Bauchhöhle ein etwa 3 Mannsfaust grosses Blutgerinnsel und in der unteren Bauchgegend eine grosse Menge flüssigen Blutes.

Der Uterus fast Mannskopfgross, fest, blass und glatt, mit Blutgerinnseln bedeckt. An seiner Vorderfläche eine von oben nach unten verlaufende reaktionslose, mit Knopfnähten vereinigte, scharfrandige Trennung, welche die ganze Uteruswand durchdringt. Die Uterushöhle faustgross, mit Blutgerinnseln gefüllt, die Uteruswand bis 4,5 cm dick. Der äussere Muttermund für 3 Finger bequem durchgängig, vielfach gequetscht, links tief eingerissen, welcher Riss sich nach aufwärts durch den ganzen Cervix fortsetzt, eine Länge von 12 cm besitzt, die ganze Cervicalwand durchsetzt und in eine mächtige, zwischen den Blättern der breiten Mutterbändern gelegene, bis zum inneren linken Leistenring herabziehende und in die benachbarten Gekröse sich erstreckende Höhle übergeht, deren Wandungen ebenso wie die Ränder des Risses im Cervix unregelmässig fetzig erscheinen.

Die Scheide weit und unverletzt.

Das Becken von vorn nach hinten sichtlich abgeflacht und etwas nach links verschoben. Das Promontorium von der Symphyse 8 cm entfernt. Der quere Beckendurchmesser 12, der linke schräge 11, der rechte 12 cm. Der Beckenraum gegen den Beckenausgang sichtlich trichterförmig verengert.

Das beiliegende Kind ist 52 cm lang, 3500 Gramm schwer, männlichen Geschlechtes, gut entwickelt. Der Kopf verhältnismässig gross, rechts an der vorderen Partie etwas abgeflacht. Der geräde Kopfdurchmesser beträgt 12, der quere 9, der diagonale 13,5, der Kopfumfang 36 cm. Die Schädeldecken über dem rechten Stirn- und Scheitelbein stark vorgewölbt und sulzig infiltriert.

Das vorläufige Gutachten lautete:

1) Frau A. H. ist zunächst an Verblutung in die Bauchhöhle gestorben.

2) Letztere ist während der Entbindung mit einem ausgetragenen Kinde durch Uterusruptur erfolgt.

3) Da laut Akten weder von den herbeigeholten Ärzten noch von sonst Jemandem ein instrumenteller oder grösserer manueller Eingriff vorgenommen wurde, so liegt offenbar ein Fall von Spontanruptur vor.

4) Das Eintreten dieser wurde einesteils durch die bedeutende Grösse des Kindes, anderseits aber und zwar vorzugsweise durch eine bedeutende Beckenverengung (plattes Becken) bedingt.

5) Da über die Zeit des Beginnes der Wehen und deren Dauer bis zum Eintritte der Berstung aus den Akten nichts zu ersehen ist, ebensowenig wie über das Verhalten der Frau zur Zeit der Ankunft des ersten Arztes und über die während und nach seiner Anwesenheit eingetretenen Erscheinungen resp. über die von ihm konstatierten Befunde, so kann vorläufig die Frage nicht beantwortet werden, ob die Schwierigkeit der betreffenden Entbindung hätte rechtzeitig erkannt und in wie ferne der Eintritt der Ruptur hätte verhütet werden können.

6) An der Untersuchten ist kurz nach dem Tode der Kaiserschnitt vorgenommen worden.

Von Seite des Gerichtes wurde der Fall nicht weiter verfolgt.

Erklärung zu Tafel 3.

Tubarschwangerschaft. Berstung des Eisackes. Innere Verblutung.

Antonie M., 35 Jahre alt, litt seit 2 Jahren an Schmerzen in der Bauchgegend, hat schon 2 mal geboren, das letztemal vor 5 Jahren. In der letzten Zeit soll die Periode unregelmässig gewesen sein. An eingetretene, neuerliche Gravidität wurde nicht gedacht.

Am 7. Mai, 8 Uhr abends, klagte die Frau plötzlich über heftige Bauchschmerzen, erbrach in der Nacht 5 bis 6 mal und hatte heftigen Stuhldrang. Ein herbeigeholter Arzt konstatierte hochgradige Anämie und Herzschwäche, sowie raschen Kräfteverfall. Um 8 Uhr früh erfolgte der Tod. Es wurde an eine Vergiftung gedacht und deshalb die sanitätspolizeiliche Obduktion verfügt.

Bei dieser fand sich äusserlich und innerlich eine starke Anämie. Der Bauch war mässig vorgewölbt und weich. Er enthielt etwa 2 1/2 Liter teils flüssigen, teils geronnenen frischen Blutes, welches vorzugsweise den Unterbauch und den Beckenraum ausfüllte. Beiläufig in der Mitte der rechten, sonst normalen Tuba ist dieselbe zu einem etwa apfelgrossen Sack erweitert, welcher an seiner Vorderfläche einen penetrierenden fast 2 cm langen, breiten Längsriss zeigt, aus welchem sich Blutgerinnsel und geborstenes Chorion hervordrängen. Der ganze Sack ist von mächtigen Blutgerinnseln umgeben, welche mit den in der Bauchhöhle befindlichen in Zusammenhang stehen und in welchen sich bei der näheren Untersuchung, nahe oberhalb der Berstungsstelle in unverletzter Amnionblase ein etwa 2 cm langer Embryo findet. Letzterer ist kahnförmig gekrümmt, zeigt noch Spuren von Kiemenspalten und offener Bauchspalte, aber bereits gegliederte Extremitäten, an welchen die mit einander noch verwachsenen Finger und Zehen bereits zu erkennen sind. Er stammt somit etwa aus der Mitte des zweiten Monats.

Die weitere Untersuchung des Genitales ergab mehrfache strangförmige Verwachsungen der nach hinten umgeschlagenen linken Tuba mit der Hinterwand des Uterus und den anlagernden Gedärmen und ein grosses Corpus luteum (C. l. verum) im linken Eierstock. Es hatte somit eine sogenannte «Überwanderung des Eies» von links nach rechts stattgefunden, welche durch die Anwachsungen und Knickungen des linken Eileiters veranlasst wurde und das Hineingelangen des Eies in die (linke) Tuba verzögerte, was wieder bewirkte, dass das Ei nicht in die Uterushöhle gelangte, sondern in der Tuba stecken blieb und dort sich weiter entwickelte.

Bemerkenswert ist noch die sichtliche Vergrösserung des Uterus und die starke Schwellung und Hyperämie der Uterusschleimhaut (Decidua vera), eine Erscheinung, die bei Extrauteringraviditäten regelmässig beobachtet wird.

Tab. 4.

Tafel 4

bringt die Darstellung des in den Blutgerinnseln eingelagert gefundenen, etwa $1^1/2$ monatlichen, noch in der unverletzten Amnionblase befindlichen Embryo von der auf Tafel 3 abgebildeten Tubarschwangerschaft mit den dort beschriebenen näheren Eigenschaften.

Erklärung zu Fig. 68.

Verblutung durch Retention eines Stückes der Placenta.

Die 39 Jahre alte Schlossersgattin W. M. hatte am 8. Januar 12½ Uhr nachts zum 3. Male geboren. Die Entbindung war leicht. Die Nachgeburt wurde durch die Hebamme entfernt, die Placenta will letztere angesehen, aber daran nichts Auffälliges bemerkt haben, weshalb sie dieselbe beseitigte. Die Blutung nach der Geburt dauerte fort, aber erst Mittag wurde nach Ärzten geschickt und vergeblich erst nach längerem Suchen einer gefunden, welcher die Frau hochgradig anämisch und bereits collabierend fand, Atonie des Uterus diagnostizierte und einen Tampon einführte, worauf er die Frau in das Gebärhaus transportieren liess, wo sie gleich nach der Überbringung, noch bevor sie untersucht werden konnte, um 3¼ Uhr nachmittags starb.

Die Leiche war äusserlich und innerlich auffallend anämisch, die äusseren Genitalien und deren Umgebung stark mit flüssigem und geronnenem Blute bedeckt.

Der mannskopfgrosse, ziemlich feste Uterus enthielt reichliche frische Blutgerinnsel, welche namentlich im Fundus fester hafteten und nach deren Entfernung die Placentarinsertion zum Vorschein kam, deren oberer Anteil ein birnförmiges, mit der Spitze nach unten gekehrtes, 6 cm langes und bis 3 cm breites Stück des Mutterkuchens ziemlich fest anhaftete.

Der übrige Befund war ein solcher, wie er unmittelbar nach einer Entbindung sich findet, doch waren die Uterusgefässe fast leer und die Uteruswand sehr blass, doch fest.

Im Gutachten wurde ausgeführt, dass die Untersuchte kurz nach einer Entbindung an Verblutung aus den Genitalien gestorben ist, dass diese durch Zurückbleiben eines grösseren Stückes des Mutterkuchens veranlasst worden ist und dass durch eine rechtzeitige Entfernung dieses Stückes, welches die gehörige Kontraktion der Gebärmutter verhinderte, die Verblutung hätte verhütet werden können. Ein Verschulden der Hebamme liege zunächst darin, dass sie versäumte, die Nachgeburt genau zu untersuchen, wobei ihr das Fehlen eines so grossen Stückes der Placenta nicht hätte entgehen können, zweitens darin, dass sie letztere noch vor Ankunft des Arztes beseitigte, so dass sie von diesem nicht besichtigt werden konnte und drittens darin, dass die ärztliche Hilfe erst herbeigeholt wurde, nachdem die Blutung bereits stundenlang gedauert und einen bedenklichen Charakter angenommen hatte.

Auf der Abbildung ist das retenierte Stück des Mutterkuchens sagittal durchschnitten.

Fig. 68.

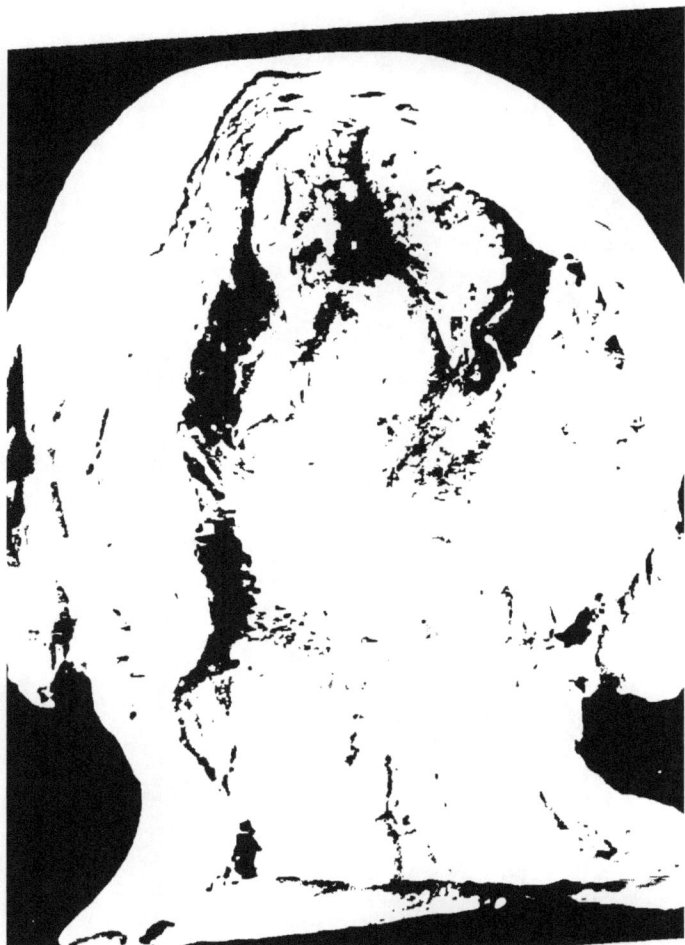

Fig. 69.

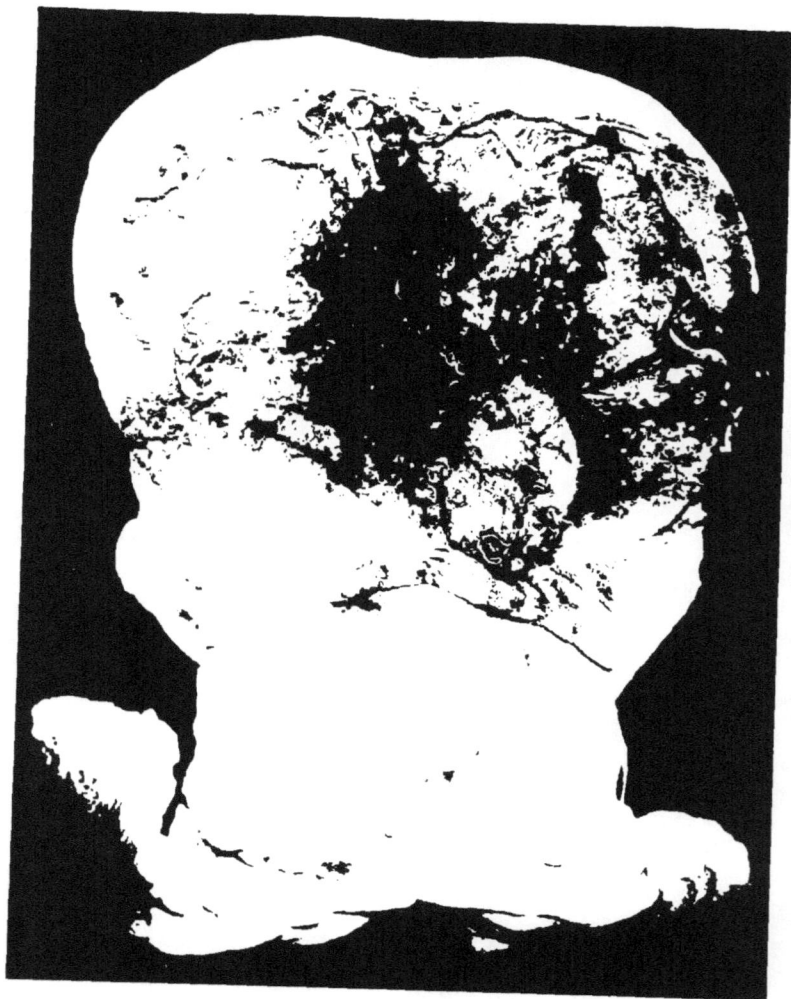

Fig. 69.

Eine andere Form von Retention eines Stückes der Placenta mit Verblutung, 4 Stunden nach der sonst normalen Geburt, zeigt Fig. 69. Die Placentarinsertion findet sich an der Hinterwand des Uterus und liegt mit ihrem unteren Rand kaum ein Querfinger oberhalb des inneren Muttermundes. Das zurückgebliebene Stück des Mutterkuchens war mit grossen, bis in die Vagina reichenden Blutgerinnseln bedeckt, nach deren Entfernung sich ergab, dass der Placentarrest die Grösse fast eines Gänseeies besitzt, mit dem unteren Drittel dem untersten Anteil der Placentarstelle innig anhaftet und mit den übrigen 2 Dritteln lappenförmig in den 4 Querfinger breiten Cervix herabhängt.

Auch in diesem Falle hatte die Hebamme die Nachgeburt nicht gehörig untersucht und überdies die Entbundene vor Ablauf der vorgeschriebenen 4 Stunden verlassen.

Erklärung zu Fig. 70 bis 71.

Zwei Uteri in den allerersten Stadien der Schwangerschaft.

Fig. 70. Das Präparat ergab sich bei einer 35 jährigen Beamtens-frau, welche sich durch Herabstürzen aus dem II. Stock getödtet hatte. Sie hatte wiederholt geboren und glaubte wieder schwanger zu sein, da die letzte Menstruation ausgeblieben war.

Es fanden sich Brüche sämtlicher Rippen und mehrfache Rupturen der Bauchorgane mit innerer Verblutung als Todesursache. Der Uterus war unverletzt, orangengross, dickwandig und enthielt in seiner leicht erweiterten Höhle etwas frisch geronnenen Blutes, welches auch in Cervix und in der Vagina nachgewiesen wurde. Nach Abspülung der Schleimhaut erwies sich diese als grobhöckerig geschwellt, blassviolett, in der Form einer Decidua vera, und rechts oben zu einem bohnen-grossen Säckchen ausgeweitet, welches an der grössten Konvexität der Länge nach geborsten, mit frischen Blutgerinnseln gefüllt war und eine feinhöckerige Innenfläche zeigte.

Trotz sorgfältiger Untersuchung der Blutgerinnsel konnte weder ein Ei, noch Reste des Eies nachgewiesen werden. Es unterliegt jedoch kaum einem Zweifel, dass das Säckchen die Decidua reflexa war, welche ein Ei in der frühesten Entwicklungsperiode enthielt, dass ferner durch die heftige Erschütterung beim Sturz das Deciduasäckchen geborsten und das von ihm ein-geschlossene Ei entweder in toto oder ebenfalls verletzt in die Uterushöhle ausgestossen und von da mit den Blut-gerinnseln abgegangen war. — Das rechte Ovarium enthielt ein bohnengrosses Corpus luteum mit breitem blassgelben Saum und blass-violettem sulzigen Inhalt.

Fig. 71. Stammt von einer 35 jährigen Frau, welche infolge einer Mitralinsufficienz und Lungenödem plötzlich gestorben war. Die Menstruation war seit 2 Monaten ausgeblieben.

Die Obduktion ergab Schwangerschaft am Ende des ersten oder am Anfang des zweiten Monats. Der Uterus ist orangen-gross, ziemlich dickwandig und enthält ein unversehrtes, der Hinter-wand aufsitzendes Ei, welches nach Eröffnung der Decidua reflexa sich als etwa wallnussgross und äusserlich überall gleichmässig und dicht mit Chorionzotten besetzt erweist. Nach Aufschlitzung des Chorion und der Amnionblase sieht man den etwa 2 cm langen Embryo links in Steisslage. Derselbe ist an einer kurzen, relativ dicken, von der Hinterwand des Eies abgehenden Nabelschnur be-festigt, ist stark kahnförmig gekrümmt, zeigt noch keine Ossification und lässt ausser der noch zu einer Höhle vereinigten Mund- und Nasenöffnung, die Kiemenspalten am Halse, die Bauchspalte, das Nabel-bläschen und die nur als gegliederte Stummeln angedeuteten Extremitäten erkennen, Befunde, welche dafür sprechen, dass der Embryo noch einer sehr frühen Periode angehört und das Ende des ersten Schwanger-schaftsmonats kaum oder nur wenig überschritten haben dürfte.

Fig. 70.

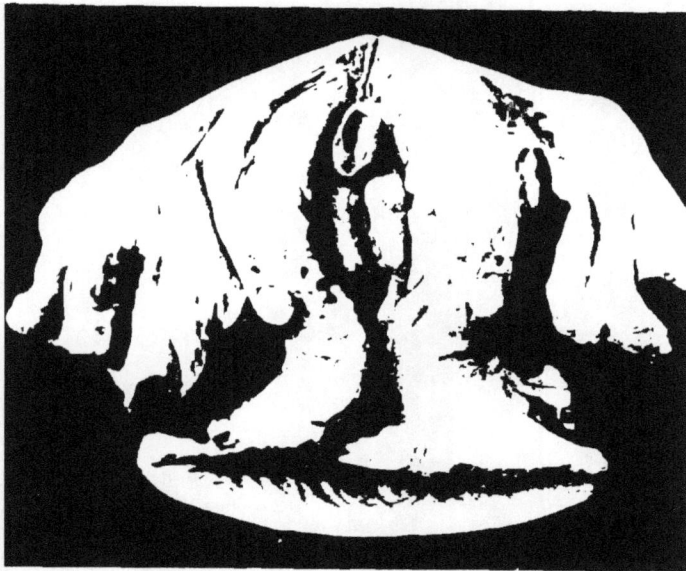

Fig. 71.

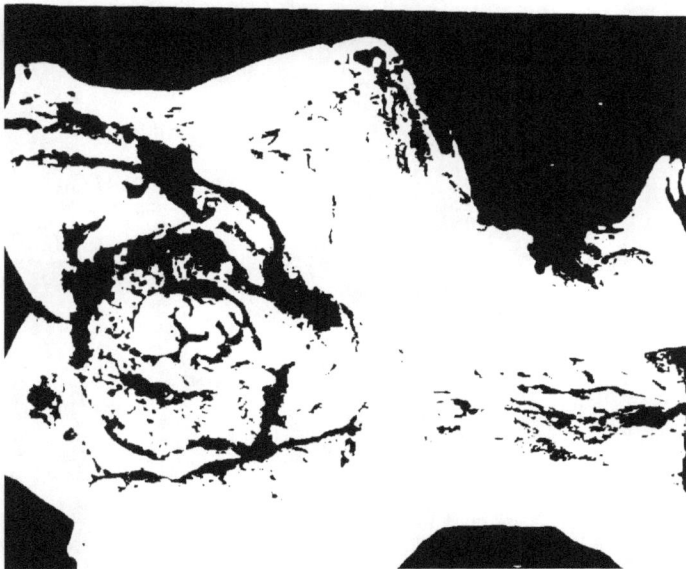

Fig. 72.

Fig. 73.

Erklärung zu Fig. 72 und 73.

Fig. 72. Menschliches Ei aus der 8. bis 10. Woche.

Das aus den Blutgerinnseln durch fortgesetztes Bespülen mit Wasser ausgelöste und dann eröffnete Ei ist im ganzen gänseeigross und zeigt links oben als äusserste Umhüllung Reste der Decidua reflexa. Das darunter befindliche eröffnete Chorion ist äusserlich überall gleichmässig zottig (Ch. frondosum) und lässt noch keine Placentabildung erkennen. Aus der glatten Innenfläche des aufgeschnittenen Chorions hängt die uneröffnete, glashelle Amnionblase heraus, welche in einer wasserklaren Flüssigkeit den Embryo enthält! Letzterer ist etwa 5 cm lang, lässt das Geschlecht noch nicht erkennen, zeigt aber bereits getrennte Finger. Kiemenspalten und Bauchspalte sind schon geschlossen, die Nabelschnur ist dick, etwa 2 cm lang und von der Wurzel derselben an der Innenfläche des Chorion geht zwischen dieser und der Aussenfläche des Amnion ein dünner, etwa 3 cm langer Faden ab, welcher mit einem ovalen, etwa erbsengrossen, wasserklaren Bläschen, dem Nabelbläschen, endet, das an der Abbildung rechts unten aus einer Rissstelle des Chorion herausragend gezeichnet ist.   .

Fig. 73. Ruptur der Scheide durch Coitus oder mit dem Finger?

Eine 19 Jahre alte Taglöhnerin war von einem Kutscher in einem Stalle geschlechtlich gebraucht worden, nachdem er sie früher mit dem Finger untersucht hatte. Auf dem Heimweg bekam das Mädchen Schmerzen in den Genitalien und ziemlich heftige Blutungen, begab sich noch am selben Tage in das allgemeine Krankenhaus, wo man eine Ruptur der Vagina im oberen Anteil konstatierte und einen Jodoformtampon einlegte. Unter septischen Erscheinungen erfolgte der Tod 6 Tage nach der Verletzung.

Bei der Sektion ergab sich allgemeine Sepsis und septische Pleuritis als Todesursache.

Der Uterus etwas vergrössert, glatt, mit narbig gekerbtem Muttermund. Die Uterushöhle leicht erweitert, ein den Abguss derselben darstellendes, bräunliches Blutgerinnsel enthaltend. Die Schleimhaut etwas gelockert, fein injiciert mit vereinzelten bis linsengrossen Blutaustritten, überall glatt.

Im Scheidengewölbe rechts eine hinter der hinteren Umrandung des Muttermundes beginnende, schief nach rechts und unten laufende im ganzen schlitzförmige, 4 cm lange bis in die Submucosa dringende Trennung der Schleimhaut mit ziemlich scharfen, beiderseits spitzwinklig zulaufenden Rändern und einem flach trichterförmig nach aufwärts sich vertiefenden, unregelmässigen Grund, der oben bis unter das Peritoneum reicht und mit missfarbigen Blutgerinnseln bedeckt ist. Ränder und

Grund sind blutig durchtränkt, die Schleimhaut im inneren Anteil düster gerötet und mit verwaschenen kleinen Blutaustritten durchsetzt. Im oberen Anteil der linken Scheidenwand nahe am Fornix eine bloss die oberen Schleimhautschichten betreffende, 8 mm lange, halbmondförmige, mit der Konvexität nach vorn und oben gekehrte, bis 1 mm breite Trennung mit spitzwinklig zulaufenden scharfen Rändern, welche einen missfärbigen Grund zeigt und deren nächste Umgebung schiefergrau verfärbt ist.

Mit Rücksicht auf letzteren Befund, der deutlich den Abdruck eines Fingernagels erkennen liess, wurde das Gutachten dahin abgegeben, dass der Scheidenriss höchst wahrscheinlich nicht durch den Coitus, sondern durch rohes Einführen des Fingers entstanden ist.

Erklärung zu Figur 74.

Sepsis acutissima post abortum. Vulnus punctum vaginae in fornice.

Die 30jährige A. Th. erkrankte am 8. Nov., nachdem sie Tags zuvor bei einer Hebamme gewesen war, unter Erbrechen, Abführen und Krämpfen und starb am Abend desselben Tages.

Die Obduktion ergab hochgradige puerperale Sepsis und beginnende Peritonitis.

Der Uterus ist kindskopfgross und enthält missfärbige Flüssigkeit. Die Decidua vera ist missfärbig, vielfach in fetziger Ablösung begriffen. Oberhalb des inneren Muttermundes haftet an der Hinterwand des Uterus mit einer 5 cm im Durchmesser betragenden Placenta ein missfärbiges fetzig eröffnetes Ei und von der Mitte der Placenta hängt schlingenförmig eine missfärbige fadendünne Nabelschnur herab, welche zu einem hochgradig faulen und im Zerfall begriffenen, etwa 6 cm langen Embryo führt, welcher in dem für 2 Finger erweiterten Cervix liegt und an dem sich die zum äusseren narbig gekerbten Muttermund herausragenden, anseinandergefallenen Kopfknochen und höher oben Rippen und die Knochen der unteren Extremitäten erkennen lassen.

In der Kuppel des rechten Scheidengewölbes, beiläufig 2½ cm vom äusseren Muttermund entfernt, findet sich eine rundliche, bis 2 mm breite, ziemlich glattwandige, von einem bis 3 mm breiten violettem Hofe umgebene Öffnung, deren Grund blutig durchtränkt ist, und von der sich von unten nach oben und etwas von aussen nach innen ein ebenso weiter, blutig durchtränkter Kanal durch die Schleimhaut bis ins submucöse Zellgewebe verfolgen lässt, woselbst er in eine über linsengrosse, ziemlich scharf begrenzte, verwaschene Suffusion übergeht.

Diese Verletzung ist offenbar eine mit einem Draht- oder sondenartigen Instrumente erzeugte Stichwunde, und dieser Befund, zusammengenommen mit den Umständen des Falles und dem sonstigen Sektionsbefund, lässt keinen Zweifel darüber bestehen, dass eine Fruchtabtreibung durch Eihautstich versucht worden ist.

Fig. 74.

Fig. 75.

Fruchtabtreibung durch ein sondenartiges Instrument. Perforation der Hinterwand des Uterus.

Uterus einer 29jährigen verheirateten Multipara, die nach 14tägiger Erkrankung, welche in Blutung aus den Genitalien, Fieber und Bauchschmerzen bestand, gestorben ist.

Die Obduktion ergab Endometritis und septische Peritonitis.

Der Uterus über mannsfaustgross, leer, mit deutlicher Placentarstelle. Cervix für den Zeigefinger durchgängig, nicht eingerissen, mit narbigen Kerben am äusseren Muttermund.

An der Hinterwand des Uterus links oben findet sich eine etwa bohnengrosse, unregelmässige, mit Eiter belegte Lücke, welche in einen ebenso weiten Kanal mit erweichten eiterbelegten Wandungen führt, der von vorn nach hinten und von unten nach oben die ganze Uteruswand durchsetzt und an dessen Hinterfläche mit einer unregelmässig dreistrahligen, lochförmigen Öffnung mit 1,5—2 cm langen Schenkeln endet, welche mit eiterig faserstoffigem Exsudat verlegt ist.

Offenbar handelte es sich um eine Fruchtabtreibung durch Einführung eines sondenartigen Instrumentes und Durchbohrung der Hinterwand des Uterus mit diesem.

Erklärung zu Figur 76.

Fruchtabtreibung durch Eihautstich.
Schlitzförmige Verletzung über und unter dem inneren Muttermund.

Die 20 Jahre alte K. M., welche bereits einmal abortiert hatte, war eingestandenermassen behufs Abtreibung ihrer Leibesfrucht dreimal von einem Wundarzte ‹operiert› worden, das letztemal am 15. Juni, wobei derselbe jedesmal ein chirurgisches Instrument in ihre Genitalien eingeführt haben soll, was ihr stets, besonders das letztemal, Schmerzen verursachte. Der Abortus erfolgte in der Nacht vom 15. auf den 16. Juni mit einem zweimonatlichen Embryo, welcher einer herbeigerufenen Hebamme vorgezeigt und von dieser aufbewahrt worden war. Am 18. musste sich die K. wegen Fieber und Bauchschmerzen ins Spital begeben, woselbst sie am 23. starb.

Die gerichtliche Sektion ergab Sepsis puerperalis als Todesursache und im Uterus die hier abgebildeten 3 Verletzungen im cervicalen Anteil desselben. Die eine dieser Verletzungen sitzt rechts oberhalb des inneren Muttermundes, die zweite links am inneren Muttermund und die dritte an der Hinterwand des Cervix rechts von der Mittellinie zwischen innerem und äusserem Muttermund. Sämtliche Verletzungen stellen 1—1,5 cm lange, longitudinale unregelmässige Schlitze dar mit etwas gezackten Rändern und einem keilförmig nach oben flach auf etwa 3—5 mm sich vertiefendem, missfärbigen und mit Eiter belegtem Grunde dar, wobei aus dem am tiefsten gelegenen Schlitze vom unteren Ende desselben ein beiläufig 1 ☐cm betragender missfarbiger Schleimhautfetzen herabhängt.

Der Arzt leugnete, wurde jedoch unter der überwältigenden Wucht der Beweise verurteilt. Allem Anscheine nach war ein hakenförmiges Instrument benützt worden, woraus sich die an der unteren Verletzung konstatierte Ablösung der Schleimhaut mit nach abwärts hängendem Lappen ungezwungen erklären würde.

Fig. 76.

Fig. 77.

Erklärung zu Fig. 77.

Fruchtabtreibung durch Einspritzungen. Perforation des Fornix vagina und des Uterusgrundes.

Die 37 Jahre alte Wirtsgattin, welche bereits 7 mal geboren hatte und sich wieder im 2. Monate schwanger fühlte, begab sich am 23. September zu einer annoncierenden Hebamme, um sich die Frucht abtreiben zu lassen. Dieselbe hiess die Frau sich auf den Boden niederlegen, brachte eine gläserne mit einer klaren Flüssigkeit gefüllte Klystierspritze, an der ein langes, dünnes, beinernes Ansatzrohr befestigt war und steckte es ihr so tief in die Geschlechtsteile, dass die Frau einen heftigen Schmerz empfand und dass es ihr vorkam, als müsste die Spritze bis zum Magen vorgedrungen sein, wobei sie die einströmende Flüssigkeit gefühlt haben will. Für diese Operation verlangte die Hebamme 30 ℳ, gab sich aber mit 15 ℳ. zufrieden. Nur mit Mühe schleppte sich die Frau nach Hause, erbrach auf dem Wege und musste sich sofort zu Bette legen, liess einen Arzt holen, dem sie anfangs den Sachverhalt verschwieg und erst, nachdem heftige Erscheinungen von Peritonitis auftraten, am 3. Oktober alles gestand, unter anderem auch, dass in der Nacht vom 24. auf 25. ein Blutgerinnsel von ihr abgegangen sei, das dann in den Abort geworfen wurde. Am 11. Oktober erfolgte der Tod, nachdem die verhaftete Hebamme eingestanden hatte, der Frau nur pro forma eine Einspritzung mit lauem Wasser in die Scheide gemacht zu haben.

Im hinteren Fornix der sehr weiten, ausgeglätteten und dünnwandigen Scheide wurde eine fetzige, unregelmässig schlitzförmige, durch eitrig-faserstoffiges Exsudat verklebte Öffnung konstatiert, welche in den Douglas'schen Raum mündete, woselbst mit ihr Dünndarmschlingen durch bereits ziemlich festes Exsudat verklebt waren. Ausserdem ergab sich im Fundus uteri eine guldenstückgrosse Öffnung mit missfärbigen und erweichten, fetzigen Rändern, durch welche man von der Uterushöhle in die Bauchhöhle gelangen konnte und welcher ebenfalls Darmschlingen mittels einer eingedickten Schicht eitrig-faserstoffartigen Exsudates anhafteten. Die Öffnung im Scheidengewölbe ist zweifellos durch Durchstossung desselben mit dem eingeführten Instrument entstanden, höchst wahrscheinlich auch die Perforation des Grundes der Gebärmutter, doch musste bezüglich letzterer zugegeben werden, dass sie erst nachträglich durch septische Erweichung sich gebildet oder sich erweitert haben konnte.

Erklärung zu Fig 78.

Abreissung des Cervix vom Uterus.
Fruchtabtreibung.

Uterus einer 26jähr. Dienstmagd, welche am 11. Mai wegen angeblich seit 6 Tagen dauernder Schüttelfröste im Spital aufgenommen wurde, wo man ein Panaritium am Endglied des linken Zeigefingers konstatierte und Pyämie aus dieser Ursache diagnostizierte. Auf Schwangerschaft bestand kein Verdacht, da das Mädchen angab, ihre Menses stets regelmässig, das letztemal noch am 25. April gehabt zu haben. Der Tod trat am 13. Mai ein und erst bei der pathologischen Sektion wurde septische Peritonitis und Verletzung des Uterus konstatiert, weshalb nachträglich die gerichtliche Obduktion veranlasst wurde.

Der in natürlicher Grösse aufgenommene Uterus ist mannsfaustgross, seine Höhle fast orangengross erweitert, leer, die Innenwand mit missfarbigen Deciduaresten und Blutgerinnseln belegt, hökerig, im oberen Anteil der Hinterwand die etwa 3½ cm breite Placentarinsertion zu erkennen. Der etwa 2 cm lange Cervix ist sammt dem inneren und äusseren Muttermund vom linken Anteil der Gebärmutter und vom linken Scheidengewölbe abgerissen, wodurch ein mächtiges, für 2 bis 3 Finger durchgängiges Loch gebildet ist, durch welches man von der Vagina direkt in die Uterushöhle gelangen kann. Die Ränder des Loches sind unregelmässig, stellenweise fetzig, missfärbig und etwas erweicht, sonst unverändert.

Der abgerissene Cervix ist nach rechts verschoben, sein Kanal für eine mässig starke Sonde eben durchgängig, der äussere Muttermund oval, quergestellt, etwas über einen halben Centimeter lang, leicht geöffnet und vollkommen glatt.

Die Scheide stark gerunzelt, der Scheideneingang ohne Narben, vom Hymen noch ansehnliche Reste vorhanden.

Am linken Zeigefinger ein oberflächliches bereits in Verheilung begriffenes Panaritium, ohne Eiterung.

Im Gutachten wurde gesagt, dass die Untersuchte etwa im 3. Monate schwanger war (bereits deutliche Placentabildung) und dass sie in den letzten Tagen vor dem Tode durch die unregelmässige, grosse Öffnung im linken Scheidengewölbe geboren (abortiert) habe. Diese lochförmige Zerreissung sei durch gewaltsame Einführung eines plumpen, doch ziemlich schmalen und langen Instrumentes entstanden, welches auch ein eingebohrter Finger gewesen sein konnte. Allem Anscheine nach ist die Einführung des Instrumentes resp. des Fingers und die dadurch erfolgte Zerreissung zum Zwecke der Fruchtabtreibung geschehen und es lässt die Ausführung derselben schliessen, dass der Eingriff von einem Laien ausgeführt worden ist.

Der Fall ist unaufgeklärt geblieben.

Fig. 78.

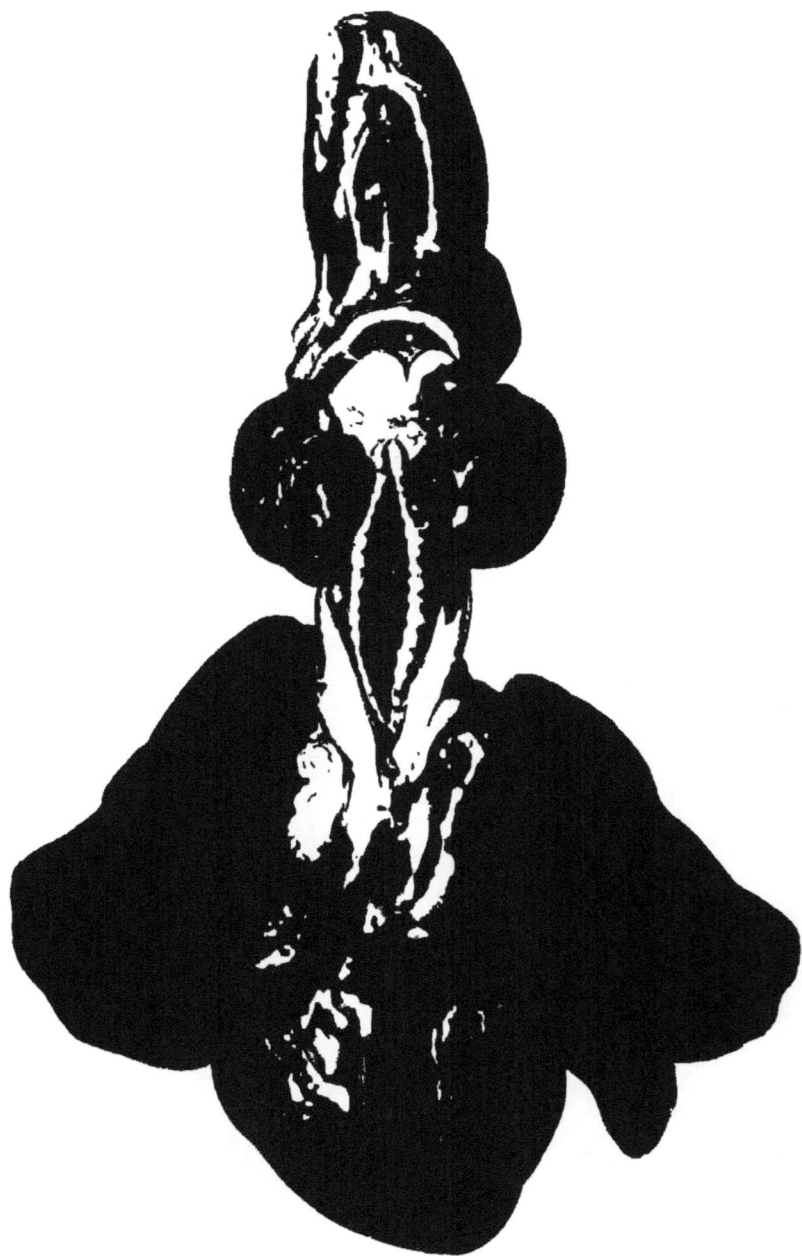

Erklärung zu Tafel 5.

Respirationsorgane und Herz eines während der Geburt unter vorzeitigen Atembewegungen an «foetaler Erstickung» gestorbenen, ausgetragenen Kindes.

Wahrscheinlich Kompression der Nabelschnur.

In der Luftröhre aspiriertes Meconium.

Am Herzen und an den Lungen zahlreiche Erstickungs-Ecchymosen.

Die Lungen selbst noch in den hinteren Brustraum zurückgesunken, doch etwas vergrössert, auffallend und gleichmässig dunkelviolett, blutreich und schwer, vollkommen luftleer, von fleischartiger Konsistenz, mit aspiriertem Meconium in den grösseren Bronchien.

Dieser Befund ist nach foetaler Erstickung gewöhnlich und gestattet in der Regel die Diagnose eines solchen Vorganges, da extrauterin ein solches Gesamtbild nur dann zu Stande kommen kann, wenn das Kind sofort aus den mütterlichen Genitalien in Geburtsflüssigkeiten hineingelangte, was bei einer Entbindung über einem Gefässe, sonst aber nur dann geschehen könnte, wenn das Kind sofort nach der Geburt mit dem Gesichte in eine Schichte von Meconium oder sonstigen Geburtsflüssigkeiten dauernd zu liegen gekommen ist.

Die Epiphysen an den unteren Extremitäten und am Humerus eines reifen Neugeborenen.

Für die Beantwortung der Frage, ob ein zur Obduktion gelangtes neugeborenes Kind bereits als reif anzusehen ist, ist ausser dem Gewichte und der Länge, sowie den sonstigen Entwicklungsverhältnissen, insbesondere die Konstatierung des Verhaltens der Knochenkerne in den das Kniegelenk zusammensetzenden Epiphysen der Ober- und Unterschenkelknochen, sowie in den Fusswurzelknochen von Wichtigkeit.

Die beiliegende Abbildung des Durchschnittes durch das linke Bein eines ausgetragenen, kräftigen, während der Geburt an Asphyxie gestorbenen Kindes, zeigt die betreffenden Verhältnisse in halber Grösse.

Die obere Epiphyse des Oberschenkelknochens ist noch vollkommen knorplig, die untere dagegen zeigt einen wie eine Erbse in den Epiphysenknorpel eingelagerten Knochenkern, der sich am Durchschnitt als 6 mm breite, fast kreisrunde, vom weissen Knorpel scharf abgegrenzte Scheibe präsentiert.

Einen um die Hälfte kleineren Knochenkern zeigt die obere Epiphyse der Tibia, während die untere noch keinen besitzt. Die ersten Andeutungen des erstgenannten Knochenkerns finden sich schon im 9., jene des zweitgenannten erst am Anfang des 10. Lunarmonates.

Im Fersenbein ist ein ovaler, von vorn nach hinten 16 und von oben nach unten bis 8 mm messender ossifizierter Kern zu bemerken, im Sprungbein ein etwas halbmondförmig mit der Konkavität nach oben gekrümmter 12 mm langer und 6 mm hoher und im os cuboideum ein rundlicher, dessen Durchmesser etwa 3 mm beträgt. Letzterer bildet sich in der Regel erst in der zweiten Hälfte des 10. Lunarmonates, die erstgenannten aber schon vor dem 7. Lunarmonate, so dass zur Zeit der bereits erlangten Lebensfähigkeit (28. bis 30. Woche) der Kern im Fersenbein schon über erbsengross, jener im Sprungbein halberbsengross zu sein pflegt.

Am oberen Humerusende findet sich am normalen Ende der Schwangerschaft nur ausnahmsweise und bei kräftigen Kindern ein etwa hanfkorngrosser Knochenkern, der auch im vorliegenden Falle angedeutet ist.

Fig. 79.

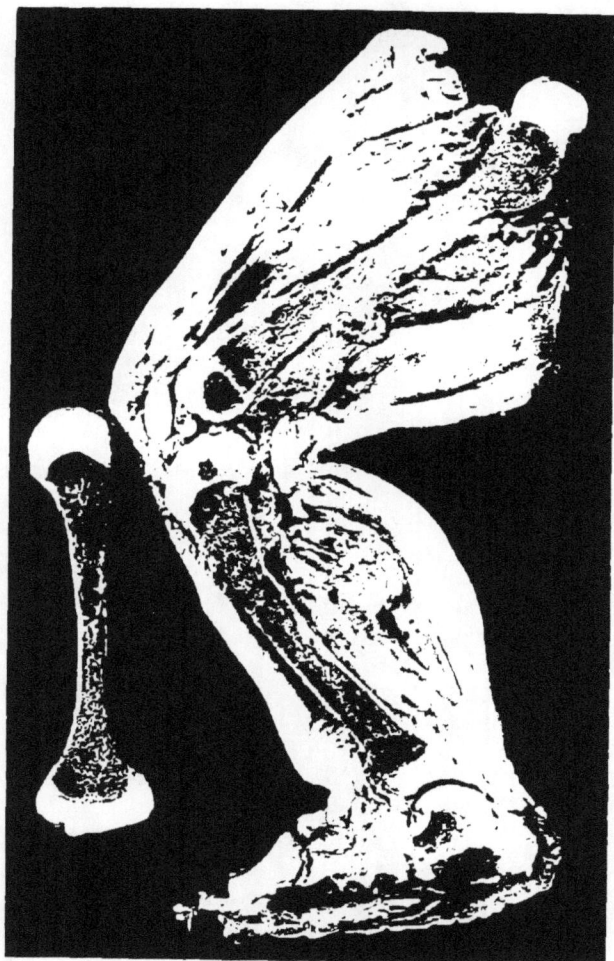

Erklärung zu Figur 80.

Epiphysen und hintere Fusswurzelknochen von einem unreifen und einem reifen Neugeborenen und einem 3 1/2 Monate alten Kind.

I. senkrechte Reihe. Die obere Humerusepiphyse, obere und untere Epiphyse des Oberschenkelknochens und die obere Epiphyse der Tibia eines unreifen, 44 cm langen, 1760 gr schweren weiblichen, etwa aus dem 8. Monat stammenden Kindes zeigen noch keine Spur eines Knochenkernes, dagegen findet sich ein erbsengrosser im Sprungbein und ein bohnengrosser im Fersenbein.

II. senkrechte Reihe. Reifes weibliches, 50 cm langes, 3030 gr schweres Kind. Von den genannten Epiphysen enthält nur die des unteren Endes des Oberschenkels einen Knochenkern, welcher die Grösse einer Erbse und einen Durchmesser von 5 mm zeigt. Der Knochenkern im Sprungbein ist bereits bohnengross, jener im Fersenbein von der Grösse und Form einer sagittal gestellten Mandel.

III. senkrechte Reihe. 3 1/2 Monate altes Kind weibl. Geschlechtes, 59 cm lang. Sämtliche Epiphysen enthalten einen Ossificationskern und zwar die obere des Humerus einen erbsengrossen im Caput humeri und die Andeutung eines zweiten im Tuberculum majus, das obere Ende des Oberschenkelknochens einen etwa mohnkorngrossen im Caput, die untere Epiphyse des Femurs einen ovalen, 11 mm langen und 8 mm breiten und die obere Epiphyse der Tibia einen quergestellten, welcher einen Längsdurchmesser von 1.3 und einen Höhendurchmesser von 0,6 cm besitzt. Der Knochenkern im Sprungbein zeigt eine Länge von 1,4 und eine Breite (Höhe) von 0,6 cm, jener im Fersenbein eine Länge von 1,6 und eine Breite von 0,8 cm.

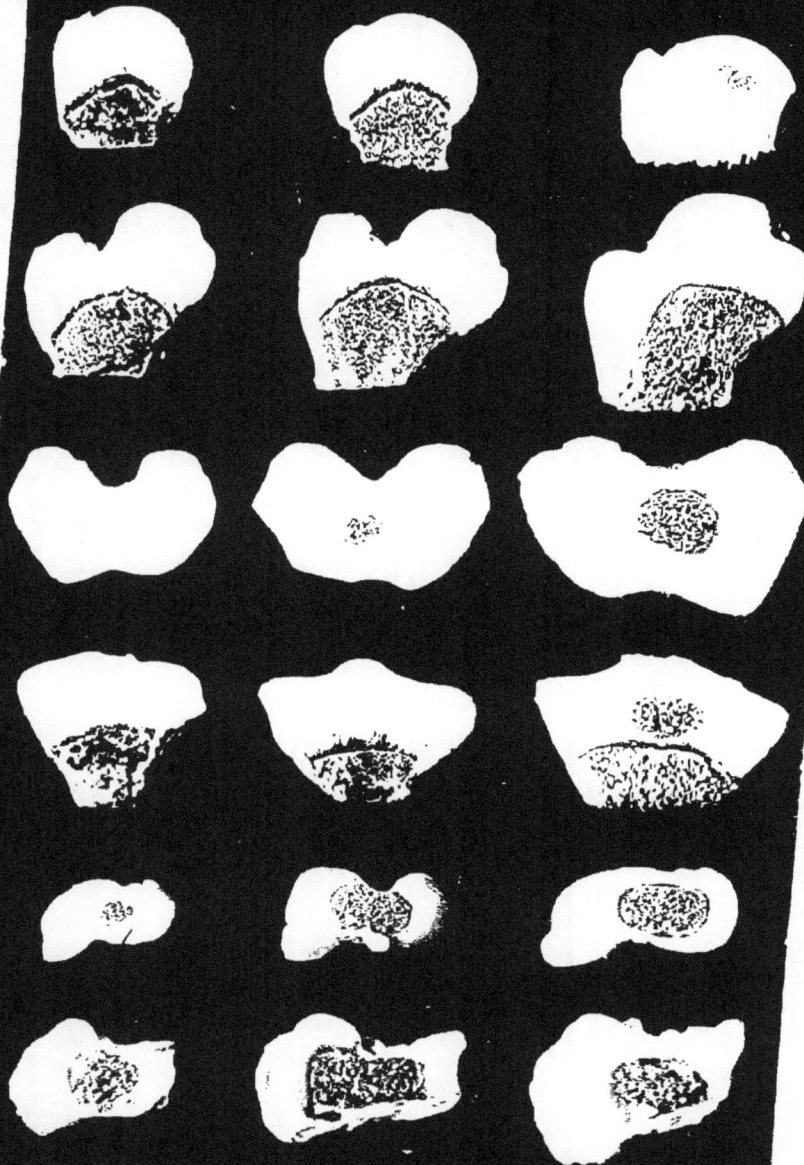

Fig. 81.

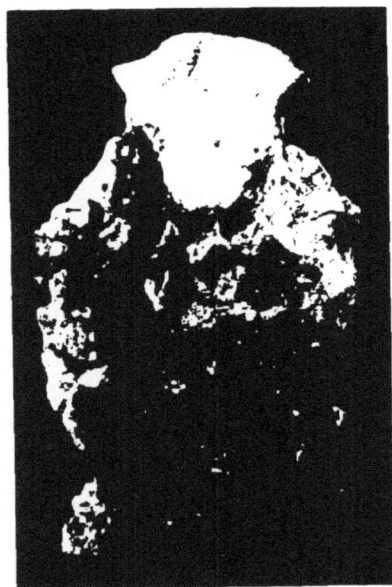

Fig. 82.

Erstickung Neugeborener durch absichtliche Verstopfung des Rachens.

Die Tötung Neugeborener durch Verstopfung des Rachens und Schlundes mit den eingeführten Fingern oder mit eingepressten anderen Gegenständen, z. B. Fetzen, Erde u. dgl. gehört zu den nicht seltenen Formen des Kindesmordes. Äusserlich sind solche Tötungen nicht immer zu erkennen, wohl aber innerlich, entweder an den Zerreissungen des Rachens oder Schlundes, die fast regelmässig zu Stande kommen, oder an den zurückgebliebenen eingepressten Fremdkörpern, oder an dem Zusammentreffen beider dieser Befunde.

Fig. 81 und 82 bringt zwei Fälle letzterer Art.

Fig. 81. Die Magd P. G. behauptet, das ausgetragene Kind am Abort geboren zu haben. Es sei in das Becken gefallen, von ihr gleich herausgezogen worden, habe sich aber nicht gerührt. Sie habe darauf das Kind in eine am Abort befindliche, Asche und Kohlenstaub enthaltende Kiste gelegt und mit diesen Substanzen bedeckt.

Das am selben Tage gefundene 50½ cm lange Kind war mit Asche und Kohlenstaub stark verunreinigt, welche Stoffe auch in Mund und Nase enthalten waren. Das Gesicht war stark cyanotisch, die Konjunktiven ecchymosiert. Nach aussen vom rechten Mundwinkel ein 5 mm langer, linearer Kratzer, an der linken Backe mehrere bis linsengrosse unregelmässige Hautaufschürfungen ohne Blutaustritt. Unter dem rechten Unterkieferwinkel zwei solche Stellen, die Umgebung daselbst violett verfärbt und geschwellt. Die Haut des Vorderhalses vom oberen Kehlkopfrande herab bis zu den Schlüsselbeinen grünlich und schmutzig-violett verfärbt, geschwellt, mit zerstreuten kleinen Kratzern.

Die Mundhöhle bis tief in den Schlund herab mit Asche und kleinen Kohlenstückchen fast ausgefüllt. Nach vorsichtiger Entfernung dieser Fremdkörper die Schleimhaut vielfach wie zerkratzt, die Ausläufer beider Gaumenbögen, sowie der Schlund jederseits unregelmässig zerrissen, welche Risse jederseits neben der Speiseröhre tief in das Zellgewebe hineinführen und dort höhlenartige Räume bilden, die mit Blutgerinnseln, Asche und Kohlenstückchen gefüllt sind.

Lungen lufthältig, stellenweise aspiriertes Blut und einzelne Kohlenstückchen enthaltend. Magen luftgebläht, blutigen Schleim, aber keine Fremdkörper enthaltend. Am Herzen punktförmige Ecchymosen.

Fig. 82. Betrifft ebenfalls ein von einer Magd heimlich geborenes Kind. Die Mutter gibt an, es sei tot gewesen und wäre von ihr im Aschenkasten unter dem Sparherd verborgen worden, um dasselbe gelegenheitlich auf den Friedhof zu schaffen.

Die Leiche war 50 cm lang, uberall mit Blut und Asche verunreinigt.

Nach vorsichtiger Abspülung der Leiche zeigte sich das Gesicht
cyanotisch, mit mehreren punktförmigen Ecchymosen in der linken
Bindehaut. In der Nähe des rechten Mundwinkels und an der rechten
Wange einige lineare kurze Kratzer ohne Blutunterlaufung.

Der Rachen durch einen apfelgrossen, aus zusammengeknittertem
weissen Papier bestehenden festen Pfropf ausgestopft, der auch den
ganzen Schlundkopf ausfüllt. In letzterem jederseits ein 1,5 cm langer,
bis zur Schlundenge ˙reichender, die Schlingmuskulatur blosslegender
Längsriss mit leicht gezackten, blutig infiltrierten und punktförmig
ecchymosierten Rändern.

Die Lungen vollkommen lufthältig, mit zerstreuten, bis hanfkorn-
grossen Ecchymosen besetzt. Ebenso das Herz ecchymosiert. Der
Magen gebläht, ebenso der Dünndarm und die anstossende Schlinge
des Leerdarmes.

Erklärung zu Tafel 6.

Lungen Neugeborener.

Fig. 1. Lunge nach erfolgter vollständiger Atmung.
Linke Lunge eines ausgetragenen, lebend und schreiend geborenen
Kindes, welches gleich nach der Geburt von seiner Mutter durch Schläge
mit einem Holzstück auf dem Kopf umgebracht worden war.

Die Lunge ist vollkommen gebläht, infolge der offenen Schädelbrüche etwas anämisch, überall hellrot marmoriert, mit einzelnen punktförmigen Ecchymosen an der Zwerchfellfläche. Die Ränder sind abgerundet, die interstitiellen Gefässe mässig injiziert. Die Lungenbläschen
sind mit freiem Auge nur undeutlich zu sehen, deutlich aber bei
schwacher Lupenvergrösserung (Fig. 1a), wobei sie sich als gleichmässig
mit Luft gefüllt erweisen. Das ganze Organ fühlt sich luftkissenartig
an, knistert beim Einschneiden und entleert auf der Schnittfläche beim
Darüberstreifen mit dem Messer überall feinblasigen Schaum und
mässige Mengen dunkelflüssigen Blutes. Die Bronchien enthalten
spärlichen, feinblasigen Schaum. Die Lunge schwimmt, aufs Wasser
gelegt sowohl in toto als in ihren einzelnen Lappen und selbst in
bohnengrosse Stücke zerschnitten, vollkommen.

Fig. 2. Durch Fäulnis lufthältig gewordene Lunge.

Die (rechte) Lunge eines hochgradig faulen, in Papier eingewickelt
im Freien, hinter einer Planke gefundenen, ausgetragenen Kindes.
Der Körper ist 3320 Gramm schwer und 52 cm lang, überall
stark gedunsen, die Haut faulgrün mit leicht abstreifbarer Oberhaut.
Verletzungen nirgends nachweisbar. Das Gehirn zu einem übelriechenden Brei zerflossen, Meningen blutig imbibiert. Hals-, Brust- und
Bauchorgane missfärbig und blutig imbibiert. In der Brust- und Bauchhöhle mässiges, blutiges Transsudat.

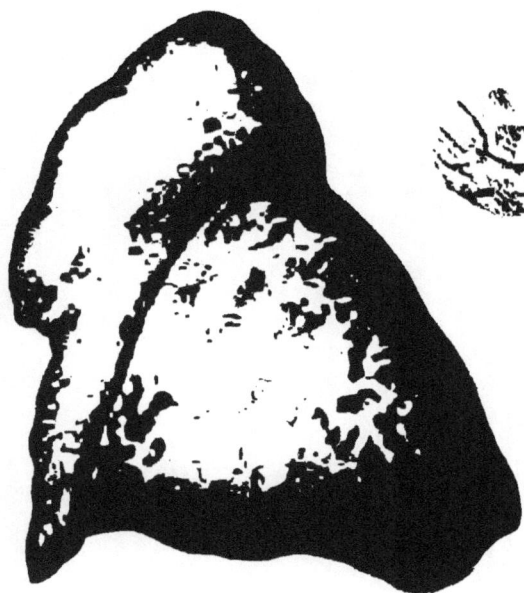

Die Lungen schmutzig-braunrot, sehr weich, nach der Herausnahme zusammensinkend. Der Pleuraüberzug von zerstreuten, mohnkorn- bis bohnengrossen Gasblasen abgehoben, welche sich etwas verschieben lassen. Die sonstige Lungenoberfläche glatt, die Lungenacini infolge Füllung und blutiger Imbibition der interstitiellen Gefässnetze deutlich markiert. Luftgefüllte Alveolen sind nicht zu erkennen. Die Lunge in toto schwimmt. Beim Einschneiden zeigt sich die Lunge als missfärbige, braunrote, fast breiige Masse, in welcher man nun vereinzelte kleinere und grössere Gasblasen erkennen kann, welche sich leicht ausdrücken lassen, worauf die betreffenden Lungenpartien im Wasser sofort untersinken. Fremde Substanzen sind weder im Lungenparenchym noch in den Luftwegen nachweisbar.

Magen und Darm missfärbig, überall gasgebläht, über Wasser schwimmend. Das Meconium mit zahlreichen Luftbläschen durchsetzt, ebenso die Darmschleimhaut vielfach von Gasblasen abgehoben.

Leber, Milz und Nieren erweicht und missfärbig von massenhaften Gasblasen durchsetzt und im Wasser schwimmend.

Offenbar handelte es sich somit entweder um ein schon totes, möglicherweise bereits maceriert geborenes, oder um ein Kind, welches, trotzdem es noch lebend zur Welt kam, nicht zum Luftatmen gelangte.

Die Lufthältigkeit und Schwimmfähigkeit der einzelnen Organe, rührte offenbar nur von weitvorgerückter Fäulnis und konsekutiver Bildung von Fäulnisgasen her und es zeigte sich auch hier, dass luftleere Lungen verhältnismässig langsamer faulen als andere Organe, indem die Lungen nur verhältnismässig wenige Luftblasen enthielten, während Leber, Milz etc. sowie das subcutane und anderweitige Zellgewebe von solchen massenhaft durchsetzt waren.

Das Kind muss schon mehrere Wochen vor seiner Auffindung geboren worden sein. Spuren einer Gewalteinwirkung wurden auch innerlich nicht vorgefunden.

Erklärung zu Tafel 7.

Neugeborenes Kind. Erstickung durch ein Eihautstück.

Zu den Ursachen, welche ein neugeborenes Kind am Luftatmen verhindern und dadurch dessen Tod auch ohne Zuthun der Mutter herbeiführen können, gehört auch die Geburt in unverletzten Eihäuten oder die mit einem über das Gesicht, eventuell den ganzen Kopf, gelagerten Stück derselben.

Taf. 7 betrifft einen gerichtlichen Fall letzterer Art.

Das betreffende weibliche Kind war am 30. November in einer Thoreinfahrt, in weisses Linnen gehüllt, unter einer Kehrichtkiste versteckt gefunden worden. Die Mutter ist unbekannt geblieben.

Das Kind war 46 cm lang, 1920 gr schwer, überall blassfleischrot, mit wenig entwickeltem Fettpolster, unverletzt. Der ganze Kopf mit einer serösen, glashellen, stellenweise im Eintrocknen begriffenen Membran überzogen, welche nur die linke Unterkiefergegend freilässt, sonst das ganze Gesicht bedeckt, sich teils glatt, teils in feinen Falten der Haut überall eng anlegt und die Augen sowie die Respirationsöffnung verschliesst. Unter dem Kinn und fast horizontal um die obere Halspartie ist die Membran unregelmässig abgerissen und der Rissrand vielfach eingetrocknet.

Die Obduktion ergab partiellen Luftgehalt in den spärlich ecchymosierten Lungen, einzelne Luftblasen im Magen, welcher, ebenso wie die obersten 4—5 cm des Dünndarms, im Wasser schwamm, sonst keinen bemerkenswerten Befund. In den unteren Ansatzknorpeln der Oberschenkelknochen war kein Knochenkern nachweisbar.

Im Gutachten wurde erklärt, dass das nichtausgetragene Kind lebend zur Welt kam und an Erstickung gestorben ist, welche offenbar durch Verschluss der Respirationsöffnungen durch die das Gesicht bedeckenden Eihäute veranlasst worden ist. Es sei kaum anzunehmen, dass dieses Stück der Eihäute dem Kinde absichtlich über das Gesicht gelegt wurde, da dieses gewisse Sachkenntnisse und ein grosses Raffinement voraussetzen würde, vielmehr sei es am wahrscheinlichsten, dass dieses Eihautstück während des Geburtsaktes durch den vorrückenden Kindskopf abgerissen und dass das Kind mit davon eingehülltem Kopfe bereits geboren wurde, welches Vorkommniss schon wiederholt beobachtet wurde und mitunter, allerdings mit Unrecht, als Geburt in der Glückshaube bezeichnet wird. Der Umstand, dass Luft in den Lungen und im Magen gefunden wurde, widerspricht nicht dieser Annahme, da die linke Unterkiefergegend unbedeckt war und von da aus einige Luftblasen zu den Respirationsöffnungen gelangt sein konnten. Da die betreffende Eihaut glashell und sehr dünn war und sich, weil feucht, enge anlegte, so muss dieses Respirationshinderniss von der Mutter nicht unbedingt bemerkt worden sein, und es kann daher auch nicht ohne weiteres behauptet werden, dass sie die Membran absichtlich liegen gelassen und so das Kind durch Unterlassung des nötigen Beistandes getödtet habe.

Die Entbindung ist, da keine Geburtsgeschwulst nachweisbar war, rasch verlaufen.

Fig. 83.

Angeborene Spaltbildungen am Schädel des Neugeborenen.

Gewisse angeborene Spaltbildungen gehören am Schädel des Neugeborenen zu den gewöhnlichen Befunden. Am konstantesten finden sich solche an der Hinterhauptsschuppe und zwar 3, von denen je eine von den zwei seitlichen Ecken des Pentagons, welches die Hinterhauptschuppe bildet, abgeht und etwas aufsteigend gegen den Tuber tendiert, während die dritte von der Spitze der Hinterhauptschuppe senkrecht herabzieht. Sie sind meist nur 1—1,5 cm lang, können jedoch ausnahmsweise sich bis zum Tuber erstrecken und so eine Zwei- resp. Dreiteilung der Hinterhauptschuppe bewirken, von welchen namentlich die in eine obere und untere Hälfte eine Querfraktur vortäuschen kann.

Auch an den Scheitelbeinen begegnet man angeborenen Spaltbildungen an konstanten Stellen und zwar zunächst im hinteren Drittel des Pfeilnahtrandes einander gegenüberliegend je einer feineren oder gröberen auf 1 bis 2 cm gegen den Tuber parietale quer hinziehenden Spalte, deren innere Enden nicht selten durch Auseinanderweichen ihrer Ränder eine rhombische oder ovale Lücke, eine sog. accessorische Fontanelle bilden.

Eine zweite Stelle liegt oberhalb der Mitte des Lambdanahtrandes der Scheitelbeine, wo jederseits meist nur eine kurze, mitunter aber eine 2—3 cm lange Spalte in das Scheitelbein einspringt, die in sehr seltenen Fällen durch den Tuber bis zur Kranznaht sich fortsetzen und so eine Zweiteilung des Scheitelbeines zu erzeugen vermag, die beim Neugeborenen, sowohl als bei älteren Individuen eine Fissur und Fraktur vorzutäuschen im Stande ist.

Am abgebildeten Schädel sieht man alle 3 Arten der angeborenen Spaltbildung. In zweifelhaften Fällen wird ausser dem typischen Sitz der Spalte, am frischen Schädel die Ausfüllung derselben mit einer Membran, am von Weichteilen entblössten Schädel die schneidige oder abgerundete Beschaffenheit der Ränder die Differenzialdiagnose ergeben.

Erklärung zu Fig. 84 und 85.

Ossificationsdefekte am Schädel eines Neugeborenen.

Zu beiden Seiten der Pfeilnaht, zwischen dieser und dem Tuber finden sich mehrere linsen- bis über bohnengrosse unregelmässig rundliche Lücken in den Scheitelbeinen, mit ausgebuchteten Rändern, gegen welche sich, was man besonders bei durchscheinendem Lichte sieht, der Knochen auffallend verdünnt. Auch die zwischen diesen Lücken liegenden Partien der Scheitelbeine sind papierdünn und vielfach durchscheinend. Ähnliche kleinere solche Lücken bemerkt man auch in den hinteren Partien beider Stirnbeine.

Es sind dies Ossificationsdefekte, welche am Schädel des Neugeborenen häufig, allerdings in verschiedenen Graden der Ausbildung vorkommen. Sie haben eine forensische Bedeutung, zunächst als locus minoris resistentiæ, indem sich durch dieselben Gewalten leichter auf das Gehirn fortpflanzen und leichter als sonst Brüche der zwischen ihnen liegenden, verdünnten Knochenpartien entstehen können, z. B. schon durch die Kompression des Schädels während der Geburt, ferner aber deshalb, weil sich solche Stellen durch die Schädeldecken, ihrer Nachgiebigkeit und ihrer Crepitation wegen, wie Frakturen anfühlen und dafür gehalten werden können. Nach Abnahme der Schädeldecken ist allerdings der Befund, besonders wenn man das Schädeldach gegen das Licht hält, so charakteristisch, dass eine Verwechslung mit traumatischen Veränderungen kaum möglich ist.

Fig. 85. Angebliche Sturzgeburt am Abort. Löffelförmiger Eindruck am linken Kompressionsfissur am rechten Scheitelbein.

Die Mutter gab an, am Abort von der Entbindung überrascht worden zu sein, wobei das Kind aus der Höhe des zweiten Stockes in den Abortkanal herabrutschte, wo es noch lebend gefunden wurde und in die Findelanstalt gebracht, nach 24 Stunden starb.

Die Obduktion ergab äusserlich lineare bis $1^1/_2$ cm lange Hautkratzer über dem linken Stirnhöcker und eine quergestellte, muldenförmige Vertiefung über dem linken Scheitelbein. Nach Abnahme der Schädeldecken fand sich an letzterer Stelle ein sogenannter «löffelförmiger Eindruck», dessen Spitze dem Tuber parietale entspricht und dessen

Fig. 84.

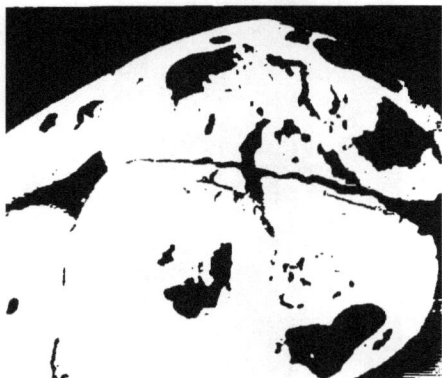

Fig. 85.

breites Ende bis fast zum Pfeilnahtrand reicht. Der Eindruck ist entlang seiner Längsachse kielförmig vertieft, welcher Vertiefung an der Innenseite des Schädels stellenweise eine feine Infraction der Glastafel entspricht. Der tiefste Teil des Eindruckes befindet sich nahe am Tuber, von welchen entlang der hinteren Umrandung des Löffels eine 2 cm lange Infraction nach Innen zieht. Ausserdem wurde im rechten Scheitelbein ein klaffender Knochensprung konstatiert, welcher von der Mitte des Pfeilnahtrandes abging, allmählig sich erweitert zum Scheitelhöcker und dann unter einem sehr stumpfen Winkel nach unten und hinten zur Schädelbasis verlief. Die weitere Untersuchung ergab eine starke intermeningeale Hämorrhagie, welche fast über das ganze Gehirn ausgebreitet war, und umschriebene pneumonische Herde in den Unterlappen beider Lungen.

Im Gutachten wurde ausgeführt, dass das Kind infolge der Schädelverletzungen an der dadurch veranlassten intermeningealen Blutung gestorben sei. Was den löffelförmigen Eindruck betrifft, so wurde zwar die entferntere Möglichkeit, dass derselbe durch den Sturz in den Abort und gleichzeitig mit dem Sprung im rechten Scheitelbein entstand, für den Fall als das Kind mit der zwischen Tuber und Pfeilnahtrand gelegenen Partie des linken Scheitelbeines auf einen stumpfen und vorragenden Gegenstand aufgefallen war, zugegeben, jedoch bemerkt, dass eine solche Provenienz ungemein selten vorkommt und dass vielmehr solche Eindrücke erfahrungsgemäss in der Regel durch eine minder plötzlich gegen jene Schädelpartie erfolgende Gewalt sich ausbilden und zwar entweder schon während der Geburt durch das Promontorium, über welches der Kopf unter grösserem Druck herabgepresst oder gezogen wird, oder erst nachträglich durch eine Kompression der betreffenden Schädelpartie mit einem stumpfen Gegenstand.

Da die Entbindung leicht verlief und keine Disproportion zwischen den Dimensionen des Kindes und jenen des mütterlichen Beckens bestand, ist die Annahme, dass der löffelförmige Eindruck schon während der Entbindung zu Stande kam, nicht begründet, so dass nur die bleibt, dass der Eindruck in der Zeit zwischen der vollendeten Entbindung und den Sturz in den Kanal veranlasst worden ist. Es konnte dies durch einen mit der Hand auf den Kopf ausgeübten Druck, aber auch durch einen Tritt oder durch Knieen auf diesen geschehen sein. Da aber die Angeklagte ihre frühere Angabe, dass das Kind ohne ihr Zuthun in den Abort stürzte, später zurücknahm und gestand, dass sie dasselbe durch den bloss 10 cm weiten Aborttrichter in den Abortschlauch herabgedrückt habe, so lag die Annahme am nächsten, dass der Eindruck bei dieser Manipulation entstanden sei, der Sprung im rechten Scheitelbein aber erst durch den Sturz in den Abort.

Erklärung zu Figur 86.

Schädelfrakturen durch Sturz auf den Scheitel.

Das 18 Monate alte Kind war in einem unbewachten Augenblicke aus einem Fenster des ersten Stockes in den Hofraum gefallen und zwar, wie Zeugen sahen, gerade auf den Scheitel und war kurze Zeit darauf gestorben.

Äusserlich wurden keine Verletzungen vorgefunden, unter den Schädeldecken jedoch ein ausgebreitetes Extravasat, welches vom Scheitel gegen beide Schläfegegenden sich herabzog und dort die grösste Mächtigkeit erreichte.

Nach dessen Entfernung fand sich rechts ein doppelter, links ein einfacher klaffender Sprung des Os parietale, dessen obere Schenkel rechts miteinander parallel entlang den ehemaligen Ossificationsstrahlen bis fast zur Mitte des Pfeilnahtrandes verliefen, während der des linken Anfangs denselben Verlauf nimmt, jedoch zwischen Tuber parietale und Pfeilnahtrand in zwei feine Fissuren sich gabelt.

Nach abwärts gehen beide Frakturen in eine unregelmässige Zertrümmerung der hinteren Partie der Schläfeschuppe und der dahinter gelegenen Partie des Scheitelbeins über. Beide Frakturen klaffen am Tuber parietale am meisten und erweitern sich beim Druck auf den Scheitel, um beim Nachlass des Druckes wieder in ihre frühere Lage zurückzugehen. Die Dura mater und die inneren Meningen waren entlang beider dieser Frakturen eingerissen und aus den Bauchspalten war beiderseits zertrümmertes Gehirn ausgetreten. Auch letzteres war in gleicher Richtung tief eingerissen und sowohl in der Nachbarschaft als an entfernteren Stellen der Rinde vielfach gequetscht. Ueberall ausgebreitete intermeningeale Hämorrhagie.

Der Entstehungsnachweis dieser Frakturen ist leicht herauszulesen. Durch den Sturz auf den Scheitel wurde die Schädelwölbung plötzlich in der Richtung gegen die Schädelbasis komprimiert und in der darauf senkrechten Richtung stärker vorgebaucht, wodurch die am meisten vorgebauchten Scheitelhöckerpartien zum Bersten kamen, von wo aus dann die weiteren Sprünge einerseits gegen den Scheitel, anderseits nach abwärts gegen die Schläfegegend sich fortsetzten. Dass in diesem Falle kein Bruch der Schädelbasis entstand, erklärt sich ungezwungen aus dem kindlichen Alter des Individuums, infolgedessen die Schädelbasis der noch mangelhaften Ossification und der vielfachen Knorpelfugen wegen noch nicht jene kompakte und zugleich spröde Beschaffenheit besass, wie dieses im späteren Alter der Fall ist.

Fig. 86.

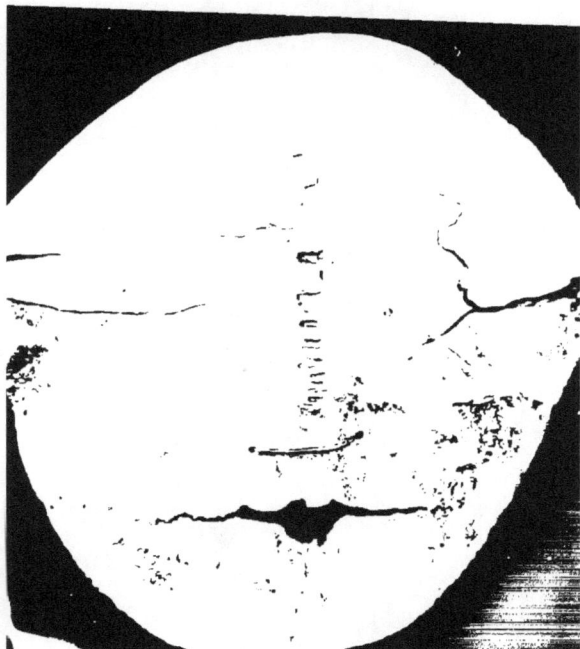

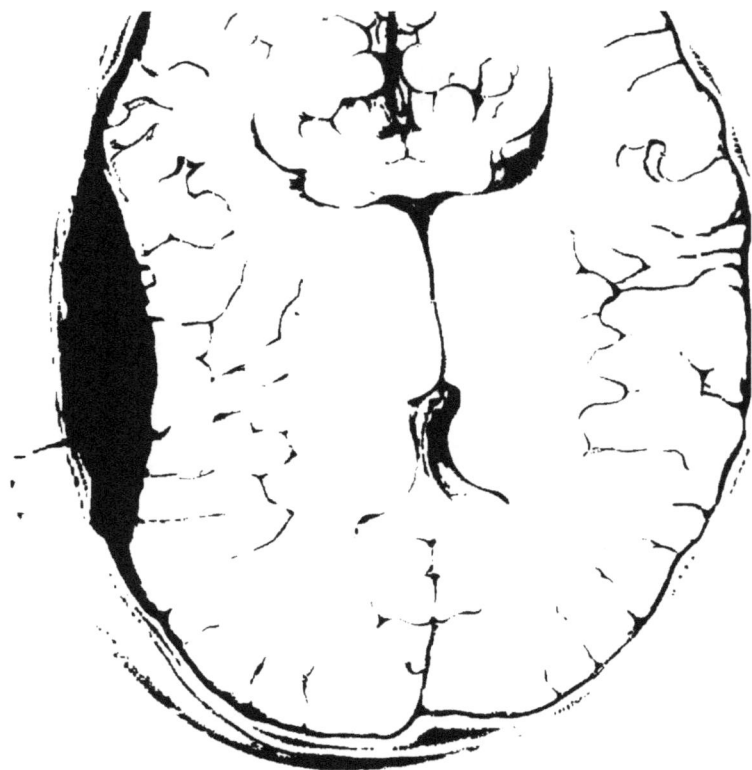

Erklärung zu Tafel 8.

Basalfraktur mit extraduralem Hämatom.

Obere Schädel- und Gehirnhälfte eines 9jährigen, am 25. Oktober 1895 secierten Knaben. Derselbe war am 22. Oktober Abends vom Turnen nach Hause gekommen, erbrach, wurde, ins Bett gebracht, sofort bewusstlos und starb am nächsten Tage. Nachträglich wurde erhoben, dass der Knabe von einem Turngerät gestürzt sei und sich am Kopfe angeschlagen habe, weshalb er nach Hause geschickt worden war.

Die Obduktion ergab keine äusserlich sichtbare Verletzung, dagegen eine ausgebreitete Suffusion unter dem linken Schläfemuskel und darunter einen feinen Knochensprung, welcher im Scheitelbein $2^1/2$ cm oberhalb des Sägeschnittes begann und nach abwärts bis in die innere Partie der linken mittleren Schädelgrube sich fortsetzte, wo er, mehrere Äste abgebend und in eine leichte Diastase der benachbarten Nähte übergehend, am Foramen spinosum endete. Von diesem Knochensprung und seiner Umgebung war die Dura mater durch einen mächtigen linsenförmigen Blutkuchen wie abpräpariert, welcher die ganze linke Schläfegegend bis in die mittlere Schädelgrube herab einnahm, die Dura nach Innen vorwölbte, während der entsprechende Teil der Hirnoberfläche muldenförmig abgeflacht und samt den Seitenkammern nach Innen verschoben war. Dieser Bluterguss stammte aus einer Ruptur des vorderen Hauptastes der Arteria meningea media, welche durch die erwähnte Schädelfissur veranlasst worden war, die den Sulcus, in welchem diese Arterie liegt, durchsetzt hatte.

Es handelte sich somit um ein typisches Haematoma durae matris externum traumaticum, wie es insbesondere nach Frakturen der Schläfegegend verhältnismässig häufig vorzukommen pflegt.

Der Umstand, dass der Knabe nach der Verletzung noch nach Hause zu gehen vermochte, erklärt sich einerseits daraus, dass keine schwere Gehirnerschütterung eingetreten war und anderseits aus dem Umstande, dass die Hämorrhagie nicht plötzlich, sondern allmählig erfolgte, indem das austretende Blut die harte Hirnhaut vom Knochen erst ablösen und auch die von Seite des Gehirns sich ergebenden Widerstände überwinden musste, bevor das Extravasat eine solche Mächtigkeit erlangte, die notwendig war, um Erscheinungen schwerer Hirnkompression zu bewirken.

Haematoma extradurale traumaticum.

Zeigt die untere Hälfte des Schädels von dem auf Taf. 8 abgebildeten Falle und demonstriert den unteren Teil des ganzen extraduralen Hämatoms mit der charakteristischen Abhebung der harten Hirnhaut, durch welche das extravasierte Blut durchschimmert.

Erklärung zu Tafel 10.

Basalfraktur mit Ruptur ·
der Arteria meningea media nach Ausräumung
des extraduralen Hämatoms.

Gibt die Abbildung des Schädelgrundes von dem auf Taf. 8 und
9 gebrachten Fall nach Entfernung des kuchenförmigen Blutgerinnsels
und weiterer Ablösung der harten Hirnhaut, wodurch einesteils die
Verästlungen der Fissur in der mittleren Schädelgrube und die leichten
Diastasen der benachbarten Nähte sichtbar gemacht sind, anderseits die
Verzweigungen der aus dem Foramen spinosum in den Schädel ein-
tretenden Arteria meningea media, welche sich an der Aussenfläche
der Dura mater verbreiten. In den durch die Fissur eingerissenen
Ast dieser Arterie ist eine Borste eingeführt.

Erklärung zu Fig. 87.

Kompressionsfissur.

Figur 87 liefert ein lehrreiches Beispiel einer Kompressionsfraktur des Schädels. Letzterer stammt von einem 32 Jahre? alten Taglöhner, welchem bei einem Baue ein Mörtelschaff auf den Kopf gefallen ist und der wenige Stunden darnach starb.

Mitten am Scheitel fand sich eine unregelmässige, bis auf die Sehnenhaube dringende, 2,3 cm lange, stark suffundierte Wunde und nach Ablösung der Schädeldecken zwei isolierte Sprünge im Schädel. Der eine beginnt am hinteren Ende des vorderen Drittels der Pfeilnaht mit einer Diastase der letzteren und geht dann rechts von der ehemaligen Stirnnaht und entlang derselben bis zum rechten oberen Orbitalrand, wo er sich in das Augenhöhlendach fortsetzt und in der Platte des Siebbeins endet. Der zweite beginnt rechts vom Anfang des hinteren Drittels der Pfeilnaht mit einer haarfeinen, nach hinten sich erweiternden Fissur des Scheitelbeins, übergeht dann in eine Diastase des hintersten Endes der Pfeilnaht und in eine Diastase der linken Hinterhauptnaht und zieht dann in die linke, hintere Schädelgrube herab, in deren tiefster Aushöhlung er haarfein endet. Die Schädelbasis ist sonst unverletzt, ebenso das sonstige Schädeldach, insbesondere ist der Teil der Schädelwölbung, über welcher die Schädelwunde gelegen war und die dem mittleren Drittel der Pfeilnaht entspricht, innerlich und äusserlich unbeschädigt.

Wir haben es somit mit einem doppelten Schädelsprung zu thun, der gewissermassen das Schema der typischen Kompressionsfissuren darstellt, welche dadurch zu Stande kommen, dass durch eine plötzliche, den Schädel treffende Gewalt dieser in der Richtung der Gewalteinwirkung komprimiert und in der darauf senkrechten stärker vorgewölbt wird, wodurch der Schädel, ähnlich einer komprimierten Haselnuss, an den am meisten vorgewölbten zu dem Angriffspunkte äquatorial gelegenen Stellen springt und von da aus der Sprung meridianartig einesteils nach oben zum Angriffspunkte der Gewalt, anderseits gegen eine dieser entgegengesetzten Stelle sich fortsetzt. Daraus erklärt sich, warum die Sprünge an von der Angriffsstelle entfernten Stellen am meisten klaffen und gegen erstere zu sich haarfein verdünnen, und warum sie, wie dieses in exquisiter Weise im gegenwärtigen Falle zu sehen ist, die Angriffstelle resp. die ihr entgegengesetzte Stelle des Schädels gar nicht erreichen müssen.

Fig. 87.

Fig. 188.

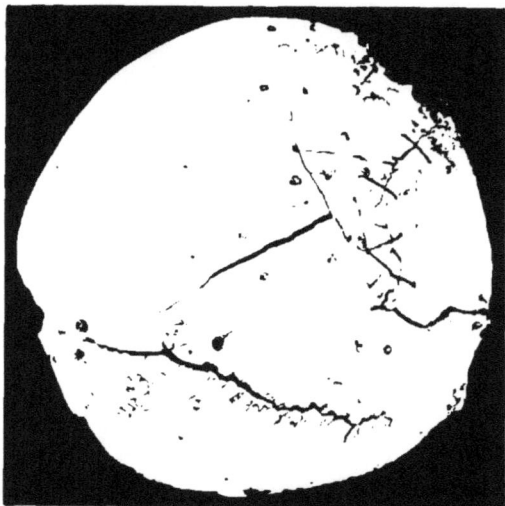

Erklärung zu Fig. 88.

Sternfraktur der rechten Scheitelgegend,

gefunden bei einem 48 jährigen Manne, der durch Hiebe mit einem Spaten ermordet, in einem Garten verscharrt und nach zwei Jahren infolge eines anonymen Briefes ausgegraben wurde. Man sieht nach Zusammenfügung der Scherben des zertrümmerten rechten Seitenwandbeines deutlich eine sternförmige Anordnung der betreffenden Frakturen und kann 5 Hauptpsrünge unterscheiden, welche sich ziemlich genau dem Scheitelhöcker entsprechend vereinigen, woselbst auch mehrere kleine Einbrüche zu bemerken sind.

Ausser dieser Sternfraktur fand sich eine hochgradige und unregelmässige Zertrümmerung sämtlicher Gesichtsknochen und der vorderen Partien der Schädelbasis. Die Knochen waren fest, die Bruchränder mit Erde verunreinigt. Von Weichteilen keine Spur vorhanden.

Die Annahme, dass die Schädelbrüche erst beim Ausgraben entstanden, musste aus den oben erwähnten Gründen und auch deshalb entfallen, weil die Ausgrabung mit grosser Vorsicht vorgenommen wurde. Auch der etwaige Einwand, dass die Schädelbrüche durch den Druck der 1 Meter hohen Erdschichte entstanden seien, musste bei der Festigkeit der Schädelknochen und bei dem Umstande, dass das übrige Skelet unbeschädigt war, entfallen. Es erübrigt somit nur der Schluss, dass diese Frakturen schon vor der Einscharrung bestanden und die eigentliche Todesursache gewesen waren.

Es war ferner klar, dass sämtliche Schädelverletzungen durch Hiebe mit einem wuchtigen, stumpfen oder stumpfkantigen Werkzeug entstanden sind, und es lag am nächsten anzunehmen, dass der Untersuchte zunächst durch einen von rückwärts gegen die rechte Scheitelgegend geführten Hieb, der eben jene Sternfraktur erzeugte, niedergestreckt wurde und dass erst dann durch weitere Hiebe die Zertrümmerung der Gesichtsknochen und der vorderen Partie der Schädelbasis verursacht worden ist.

Die Untersuchung ergab, dass der Mann von seinem Arbeitgeber eines Sparkassabuches wegen ermordet und vergraben worden war und der Thäter gestand, dass er seinen Gehilfen, der gerade mit der Tieferlegung eines Mistbeetes in dem betreffenden Garten beschäftigt war, von rückwärts durch einen mit einem Spaten geführten Hieb niederschlug und dann dem röchelnd am Boden Liegenden weitere Hiebe mit demselben Instrumente versetzte, worauf er die Leiche in derselben Grube verscharrte.

Erklärung zu Tafel 11.

Frische Kontusionen des Gehirns.

A. G., 40 Jahre alt, stürzte am 11. April während der Arbeit von einem 2 Stockwerk hohen Gerüste und starb nach kaum ¹/₂ Stunde.

Die Obduktion ergab 2 Rissquetschwunden am Hinterkopf und einen klaffenden, vom hinteren Ende der Pfeilnaht durch die rechte Schläfeschuppe zur Schädelbasis herabziehenden Knochensprung, welcher sich an der Basis des rechten Felsenbeines gabelt, indem der eine Schenkel durch die vordere Fläche der Pyramide bis zu deren Spitze mit Eröffnung des Paukenhöhlendaches sich erstreckt, während der andere im Hinterhauptsloche endet.

Zwischen der harten Hirnhaut und den inneren an der ganzen Hirnbasis, sowie an den Seitenteilen des Gehirns frisch geronnenes Blut in dicker unregelmässiger Schichte ausgetreten.

Nach partieller Entfernung der inneren Meningen und Abspülung der darunter liegenden Blutschichten bemerkt man an der Basis beider Stirn- und Schläfelappen, sowie auch im geringeren Grade an anderen Partien der Hirnoberfläche bis über bohnengrosse, zerstreute, dunkelviolette Stellen, welche meist nur die Hirnrinde und hie und da auch die anstossenden Partien der weissen Substanz betreffen und bei näherer Betrachtung sich aus massenhaften kleinen und kleinsten Blutaustritten zusammensetzen, zwischen welchen, sowie in deren äusserer Umgebung die Hirnsubstanz durch Imbibition diffus und blässer violett gefärbt und etwas erweicht ist.

Am Schnitt sowohl als und zwar häufiger an der Oberfläche dieser Stellen kann man meistens punktförmige oder grössere Zertrümmerungen der Substanz bemerken.

Die beschriebenen Befunde werden als Hirnkontusionen bezeichnet. Sie sind nach grösseren Erschütterungen des Kopfes häufig und bilden sich entweder an den zunächst getroffenen Stellen, oder und zwar häufiger und ausgedehnter an entgegengesetzten Hirnpartien durch Contrecoup.

Ihre Entstehung erklärt man sich entweder durch den Anprall der Hirnrinde an die Innenwand des Schädels oder durch umschriebene Zertrümmerungen der Hirnrinde durch die fortgeschleuderte Cerebrospinalflüssigkeit. Doch kann hiebei auch das Fortschleudern des in den zahlreichen und sehr feinen Blutgefässe der Hirnrinde zirkulierenden Blutes selbst eine Rolle spielen. Auch können alle 3 Momente oder 2 derselben gleichzeitig mitwirken.

Erklärung zu Fig. 89.

Ausgeheilte durch einen «Totschläger» erzeugte Lochbrüche.

Der 44 Jahre alte F. P. hatte am 14. Juni 1892 seine Geliebte durch mehrere Stiche mit einer abgebrochenen, von ihm in einem Holzgriff befestigten Degenklinge ermordet und hatte sich wenige Stunden darnach durch einen Revolverschuss in die rechte Schläfe getötet. Der Schuss war ein einfacher Lochschuss oberhalb des rechten Keilbeinflügels und der Schusskanal durchdrang quer die Basis beider Stirnlappen des Gehirns und mündete blind an der Innenfläche der linken Schläfeschuppe, an deren unverletzter Innenfläche eine leicht deformierte, an der Basis 6 mm breite Spitzkugel auflag.

Ausserdem ergaben sich aber zwei übereinanderliegende fast kreisrunde, 3,5 bis 4 cm im Durchmesser haltende Knocheneindrücke im linken Stirnbein, von denen der untere etwas grössere gerade über der äusseren Partie der linken Kranznaht liegt und von ihr halbiert wird, während der obere nur im hinteren Anteil von ihr durchzogen wird. Die fast kreisförmige Umrandung dieser Eindrücke ist überall abgerundet und nach innen wallartig vertieft, die von ihr eingeschlossene Knochenplatte aber flach, trichterförmig eingesunken und von mehreren verheilten Frakturen durchzogen. Die Glastafel darunter ist entsprechend der unteren Impression flach nach Innen vorgewölbt mit 3 von der Mitte ausgehenden, kaum erkennbaren, bis zum Rande der Depression reichenden, verheilten Fissuren, während entsprechend dem oberen Eindruck die Glastafel im Umfange bis zu 3,5 cm zu einem stumpfen, 6—8 mm hohen Kegel vorspringt, von dessen Spitze 5 ausgeheilte Sprünge strahlenförmig abgehen. Mit diesem Kegel ist die Dura mater verwachsen und stellenweise rostbraun pigmentiert, sonst unverletzt. Am Gehirn keine Spur einer ausgeheilten Verletzung.

Anamnestisch wurde erhoben, dass F. P. vor 8 Jahren bei einer Rauferei zwei Hiebe mit einem Bleistock (Totschläger) auf den Kopf erhalten hatte, infolge der Verletzung längere Zeit krank war und dass seitdem eine Vertiefung sich am Kopfe befand, die er oft vorzuzeigen pflegte. Seit dieser Verletzung soll er ein verändertes Wesen gezeigt, sehr reizbar und aufbrausend gewesen sein, weshalb sich seine Frau von ihm scheiden liess. Wegen Excessen war er wiederholt abgestraft worden und es wird angegeben, dass er namentlich nach Alkoholgenuss unverhältnismässig aufgeregt und gewaltthätig gewesen sein soll.

Vor der That soll er sehr aufgeregt gewesen sein und sich den Kopf gehalten haben. Bei ihm wurde ein an die Behörde adressierter Brief gefunden, worin er letzterer zur Kenntnis bringt, dass seine Geliebte schon viele unglücklich gemacht habe, er aber sei der letzte gewesen.

Nach allem war der Mann infolge der vor 8 Jahren erlittenen Kopfverletzungen schon längere Zeit geisteskrank und hat auch sowohl den Mord als den Selbstmord im geistesgestörten Zustand ausgeführt.

Fig. 89.

Fig. 90.

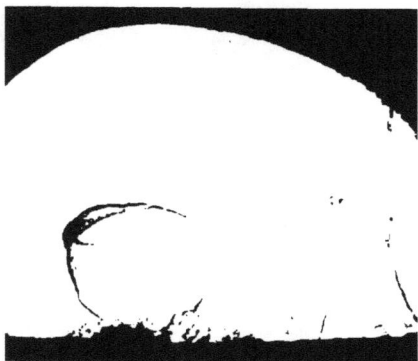

Fig. 91.

Erklärung zu Fig. 90 und 91.

—

Fig. 90. ## 33jähriger Kutscher durch einen Pferde-hufschlag getötet.

Oberhalb der rechten Schläfeschuppennaht gelegener, quergestellter, ovaler 4 cm langer und 3,3 cm breiter Lochbruch. Das ausgebrochene Knochenstück links hinten quer infrakturiert, welcher Infraktion an der Glastafel eine 4 cm lange Fraktur entspricht, welche in der Mitte von einer senkrecht gestellten 3,5 cm langen Fraktur durchschnitten wird. Wahrscheinlich war die Lochfraktur durch den Stollen des Hufeisens erzeugt worden.

———

Fig. 91. ## Pferdehufschlag.

Vor dem rechten Scheitelhöcker findet sich ein über fingerlanger, parallel mit der Kranznaht verlaufender, in die Schläfeschuppe herab-ziehender, über 1 Querfinger breiter Einbruch des Knochens mit ziemlich parallelen, leicht bogenförmigen nach hinten konvexen Rändern, von denen der vordere scharf, der hintere deprimiert ist. Das zwischen beiden Rändern abgebrochene Knochenstück ist im vorderen Anteil auf 1/2 cm deprimiert, im hinteren abgebrochen und zugleich mehrfach gesplittert.

An der Innenfläche ist die Glastafel abgesprengt, die Dura durch einen scharfen Splitter eingerissen und eine starke Schichte frisch ge-ronnenen Blutes war zwischen dieser und den inneren Meningen aus-getreten.

Erklärung zu Tafel 12.

Ausgeheilte Kontusionen des Gehirns.

Nachdem wir in Tafel 11 das Aussehen frischer Kontusionen der Gehirnoberfläche kennen gelernt haben, zeigt die gegenwärtige Abbildung das Aussehen ausgeheilter solcher Verletzungen.

Das Präparat stammt von einer 56jährigen, seit Jahren dem Trunke ergebenen Frau, welche anfangs August 1896 im Rausche über 4 Stufen von einer steilen Treppe auf Steinpflaster gefallen und bewusstlos liegen geblieben war. Erst nach 2 Tagen war sie zu sich gekommen, musste jedoch durch 14 Tage das Bett hüten. Seitdem soll sie blöd und auffallend vergesslich gewesen sein und noch mehr als früher getrunken haben.

Am 18. November 1896 wurde sie tot gefunden.

Die Obduktion ergab Alcoholismus chronicus als Todesursache und ausserdem folgende Befunde am Kopfe:

Die Schädeldecken unverletzt. Der Schädel dickwandig, an demselben eine vollständig ausgeheilte, penetrierende Fissur des linken Scheitelbeines, welche von der hinteren Partie der Sagittalnaht zum Tuber parietale und dann unter einem stumpfen Winkel direkt nach vorne bis fast zur Kranznaht verläuft und vom Tuber einen oberflächlichen kurzen Schenkel nach unten absendet. Die Innenfläche der Dura mater links stellenweise, rechts überall rostfarbig gefleckt und rechts mit einer diffusen, papierdünnen, abziehbaren Membran überzogen, welche teils von reichlichen, rostfarbigen Pigmentflecken, teils mit bräunlichen eingedickten Blutaustritten durchsetzt ist und stellenweise eine feine Vascularisation zeigt (ausgeheilte intermeningeale Hämorrhagie).

An der Basis des Gehirns finden sich vor dem Riechkolben beiderseits bis markstückgrosse, braungelbe, höckerig eingesunkene, nur die Hirnrinde betreffende Stellen, welche mit den inneren Hirnhäuten verwachsen sind und teils aus bräunlichem Narbengewebe, teils aus einer rostfarbigen wie sulzigen Masse bestehen, in welcher sich mikroskopisch zahlreiche, rhombische, rothbraune Krystalle Hämatoïdinkrystalle) nachweisen lassen, von denen eine Abbildung der Tafel 12 beigeschlossen ist. Ähnliche Stellen fanden sich an den vorderen basalen Partien beider Schläfelappen, von denen jedoch nur die am linken aufgenommen werden konnte.

Diese Stellen sind die Residuen vor längerer Zeit erlittener Kontusionen dieser Hirnpartien, deren traumatische Natur ausser durch ihren typischen Sitz, ihre Multiplicität und ihre symmetrische Lage auch durch die Reste der intermeningealen Hämorrhagie und insbesondere durch die ausgeheilte Schädelfissur klargestellt ist.

Offenbar war es der 3 Monate zuvor erlittene Sturz im berauschten Zustande, durch welchen alle diese Verletzungen veranlasst wurden, wofür sowohl die Natur derselben, als die darnach eingetretenen Erscheinungen, als der gegenwärtige Befund selbst spricht, der ausser Resten eingedickten Blutes in der der Dura mater auflagernden Membran auch noch eine reaktive Rötung hinter der am linken Stirnlappen befindlichen Stelle gelegenen Hirnrindenpartie erkennen liess, was einen auf viele Monate oder gar Jahre zurückzudatierenden Bestand dieser Verletzungen ausschliesst.

Erklärung zu Fig. 92.

Lochfrakturen.

Fig. 92. In Heilung begriffene, durch einen Hieb mit einem viereckigen Schlosserhammer erzeugte Lochfraktur des linken Scheitelbeines. Die kreisförmige, aussen 4, an der Innenwand 4,5 cm breite Lochfraktur umschliesst ein ohne Zerreissung der Dura mater flach deprimiertes, teils radiär, teils in Form von Halbkreisen infrakturiertes scheibenförmiges Knochenstück, dessen Teile bereits in Anheilung begriffen sind. Die trotz der viereckigen Beschaffenheit des Hammerkopfes kreisrunde Form der Lochfraktur erklärt sich einesteils aus der durch längeren Gebrauch veranlassten Abrundung der Kanten und Ecken des Hammers, vorzugsweise aber aus dem dichten Haarwuchs des Verletzten und aus dem Umstande, dass der Kopf zur Zeit des Hiebes mit einer Kappe bedeckt gewesen war.

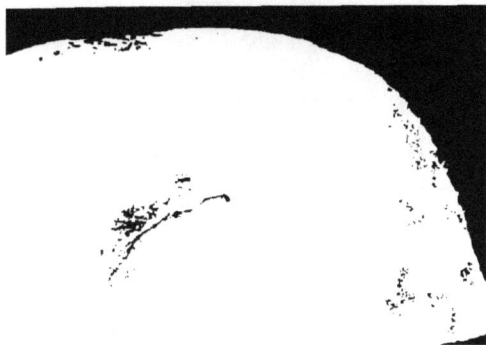

Fig. 92.

Fig. 93.

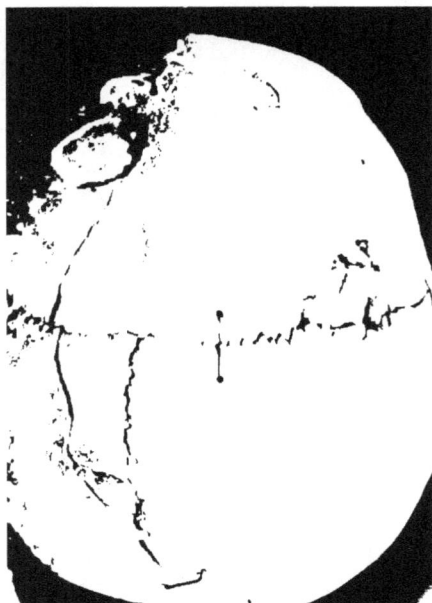

Erklärung zu Fig. 93.

Fig. 93. Mord durch Hiebe mit einem runden Hammer.

An dem abgebildeten Schädeldach fallen zunächst zwei Verletzungen in der vorderen Stirnpartie auf, die beide in der Form einander gleichen, von denen jedoch die an der linken Stirnbeinhälfte etwas grösser ist als die an der rechten. Beide sind unvollständige Lochbrüche von ovaler, mit der Längsachse schief gestellter Form, von welchem der hintere Rand stärker gewölbt und auch schärfer ist als der vordere. Das von diesen Bogenfissuren eingeschlossene Knochenstück ist bei beiden Verletzungen in seiner hinteren Partie deprimiert, so dass deren Rand 1 mm tiefer steht als die hintere Umrandung des Lochbruches. Von der Mitte des hinteren Randes des linken Lochbruches lässt sich ein klaffender Knochensprung verfolgen, der durch die linke Kranznaht zur Mitte der Pfeilnaht und von da zur rechten Hinterhauptsgrube zieht, wo derselbe endete.

Vor der Mitte der rechten auseinander gewichenen Kranznaht noch in diese hineinreichend findet sich ein fast thalergrosser Lochbruch von unregelmässig rundlicher Form mit zackigen, stellenweise eingebrochenen Rändern. Das von letzteren umrahmte Knochenstück zertrümmert und die Fragmente tief in die Schädelhöhle eingetrieben, woselbst die Hirnhäute zerrissen und die oberen Hirnschichten zerquetscht gefunden wurden.

Nach Zusammenstellung dieser Fragmente liess sich erkennen, wie auch an der Abbildung zu sehen ist, dass es sich um bogenförmige, terrassenförmig angeordnete, mit der Konkavität nach hinten gekehrte Einbrüche handle und dass zwischen einzelnen der Bogensprünge Bruchstücke von Kopfhaaren eingeklemmt sind.

Aus der Form und sonstigen Beschaffenheit dieser Lochbrüche liess sich schliessen, dass sie durch ein Werkzeug entstanden sind, welches eine umschriebene und von kreisförmigen Rändern begrenzte Angriffsfläche gehabt haben musste, und es wurde hervorgehoben, dass namentlich Hiebe mit einem runden Hammer (Schusterhammer u. dgl.) geeignet waren, solche Verletzungen zu erzeugen, und zugleich liess sich aus der deutlichen Depression der hinteren Partien der Knochenplatten der zwei ersterwähnten Lochbrüche und dem scharfen und stärkeren konvexen hinteren Rand derselben, sowie anderseits aus dem nach hinten konkaven Verlauf der terrassenförmigen Bogenfissuren in der 3. Lochfraktur sagen, dass sämmtliche Hiebe von rückwärts geführt wurden und durch den dem Thäter zugekehrten (unteren) Rand des Werkzeuges beigebracht wurden.

Der Thäter wurde erst nach mehreren Tagen eruiert und gestand, den Mord mit einem sogenannten französischen Hammer ausgeführt zu haben, welcher Hammer eine kreisförmige, ziemlich scharfrandige, 2,5 cm breite, ebene Angriffsfläche besass.

Erklärung zu Fig. 94.

Fig. 94. Schädel eines ermordeten und durch vier Jahre in einem Düngerhaufen vergraben gewesenen Mannes.

Der dem Trunke ergeben gewesene Mann (Bauer) war vor 4 Jahren plötzlich verschwunden und sein Weib gab, als dieses auffiel, an, dass er wahrscheinlich nach Amerika gegangen sei. Der Fall erschien verdächtig, umsomehr als die Eheleute in stetem Unfrieden gelebt hatten. Die Nachforschungen aber und im Hausgarten vorgenommene Nachgrabungen ergaben kein Resultat. Endlich nach 4 Jahren wurde das Skelet unter einem Düngerhaufen gefunden und die Frau gestand nun, dass der Mann gewaltsam ums Leben gekommen sei und dass sie die Leiche vergraben habe, damit sie der Verantwortung entgehe. Ihr Mann sei damals spät in der Nacht schwer betrunken nach Hause gekommen, habe geschimpft und sie bedroht und da habe sie ihm einen Stoss versetzt, infolgedessen er das Gleichgewicht verlor, mit der Stirne auf die Ecke des Bettpfostens stürzte, röchelnd liegen blieb und nach wenigen Augenblicken starb. Sie habe dann die Leiche zur Thür hinaus auf den Hof gezogen und dieselbe im Dünger verscharrt.

An dem Schädel fand sich, wie die Abbildung zeigt, in der That zunächst eine Verletzung an der linken Stirne, welche ein dreieckiges, fast gleichseitiges, bis 1,5 cm weites Loch mit eingebrochenen Rändern zeigt, die durch eine dreikantige Ecke, somit auch durch heftiges Auffallen auf die Ecke der betreffenden Bettstatt entstanden sein konnte; es fand sich aber hinter diesem Loche im Stirnbein ein zweiter solcher, nur die äussere Tafel betreffender, ebenfalls dreieckiger Einbruch und ferner eine Zertrümmerung beider Jochbeine und ein fast handflächengrosser, unvollständiger, von einer unregelmässig kreisförmigen Fissur umgrenzter Einbruch des linken planum temporale, woraus hervorgeht, dass mindestens zwei Gewalteinwirkungen mit einem eckigen und mindestens zwei mit einer breiteren Angriffsfläche besitzenden Werkzeuge stattgefunden haben, wodurch die Angabe der Frau, dass nur eine einmalige Verletzung stattfand, entschieden widerlegt, dagegen klargelegt wird, dass der Betreffende durch mehrere, mindestens 4 Kopfverletzungen getötet wurde, die offenbar nicht gleichzeitig, wahrscheinlich aber in unmittelbarer Aufeinanderfolge entstanden sind und auch mit einem und demselben Werkzeuge, wenn dieses beide Formen der Angriffsfläche besass, beigebracht worden sein konnten. Namentlich lag es nahe zu vermuten, dass die dreieckigen Einbrüche mit der Ecke, die übrigen mit der Fläche des Rückens einer Hacke bewirkt wurden, was auch durch das nachträgliche Geständnis der Angeklagten erwiesen wurde.

Fig. 94.

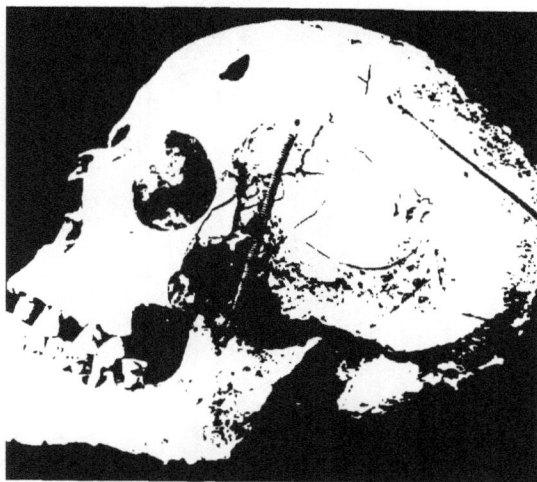

Fig. 95.

Fig. 96.

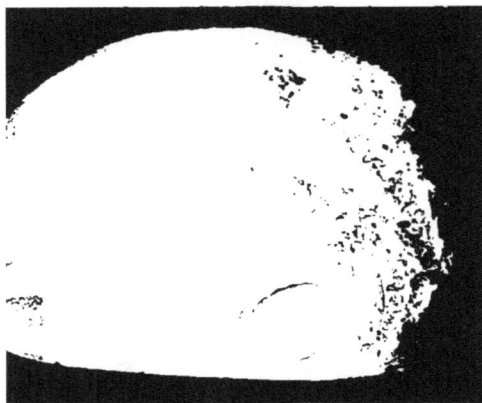

Fig. 97.

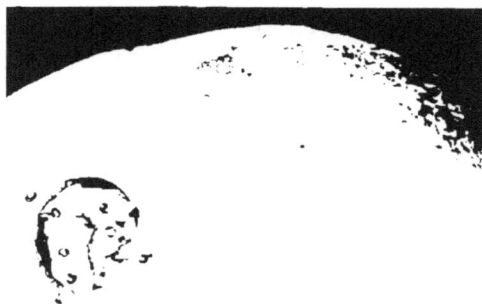

Erklärung zu Fig. 95, 96 und 97.

Fig. 95. Umschriebene Zertrümmerung der rechten Hinterhaupts-partie durch Hieb mit dem Rücken einer Hacke. Der Fall betrifft einen 6 jährigen Knaben, der von seinem eigenen Vater im Alkohol-delirium erschlagen wurde. Die Verletzung stellt einen fast kreis-förmigen, bis 5,5 cm im Durchmesser haltenden Lochbruch dar. Das herausgeschlagene Knochenstück ist in seinem inneren unteren Anteil zertrümmert, sonst unbeschädigt und wird von der linken Lambdanaht in eine vordere und eine hintere Hälfte geteilt, welche ausserhalb des Lochbruches in ihrem unteren Anteil zu einer Diastase sich erweitert. Von der Zertrümmerung im inneren, unteren Anteil des Lochbruches erstreckt sich ein klaffender Knochensprung nach abwärts bis zum Foramen occipitale magnum.

Lochfrakturen.

Fig. 96. Fast kreisförmige Lochfraktur des linken Stirnbeins durch Wurf mit einem halben Ziegel entstanden. Letzterer hatte offenbar mit der einen Ecke den Knochen getroffen. Die Breite des Lochbruches beträgt 2 cm. Das ausgebrochene Knochenstück ist gleichmässig flach, trichterförmig deprimiert und zeigt an der tiefsten Stelle eine dreistrahlige kurze Fissur. Die Glastafel ist in Form eines flachen, 2,5 cm breiten Kegels abgehoben und von der Spitze des Kegels sternförmig gesplittert.

Fig. 97. 29 jähriger Maurer durch einen ursprünglich viereckigen, nur durch lange Benützung rundlich gewordenen Maurerhammer verletzt und nach einigen Tagen gestorben. Die fast kreisrunde bis 3 cm breite Lochfraktur sitzt in der äusseren Partie der linken Kranz-naht, so dass die eine Hälfte des Lochbruches im Stirnbein, die andere im Scheitelbein sich befindet. Das vom Lochbruch eingeschlossene Knochenstück ist in 5 grössere und mehrere kleine Stücke zertrümmert, welche Trümmer teilweise die Meningen zerrissen hatten und bis in die Rindensubstanz des Gehirns eingedrungen waren. Das Loch in der Glastafel war bis $3^{1}/_{2}$ cm breit und zeigte stark abgeschrägte Ränder.

Erklärung zu Fig. 98 und 99.

Fig. 98. Lochbruch durch einen Glassplitter.

Der durch seine regelmässige rechteckige Form auffallende Loch-
bruch im linken Stirnbein war durch einen Sturz von einem höheren
Stockwerk auf ein Glasdach (Oberlichte) entstanden, dessen 1 cm dicke
Scheiben von dem stürzenden Körper durchschlagen worden waren.
In dem Lochbruch wurde der betreffende Glassplitter fest eingekeilt
gefunden, welcher mit seinem inneren Ende die Meningen und die
Hirnrinde durchbohrt und eine bedeutende intermeningeale Hämorrhagie
veranlasst hatte.

Fig. 99. Totschlag mit einer langen kantigen Eisenstange.

Der von vorn nach hinten ziehende Einbruch betrifft das linke
Stirnbein, hat eine unregelmässig ovale Form und ist 5,5 cm lang und
3 cm breit. Das ausgebrochene und deprimierte Knochenstück ist
kahnförmig vertieft, in der Weise, dass dem in der Längsachse des
Ovals verlaufenden Kiele eine Infraktion der äusseren und eine Fraktur
der Glastafel entspricht, woraus man deutlich die Einwirkung der
Längskante des gebrauchten Instrumentes erkennt.

Fig. 98.

Fig. 99.

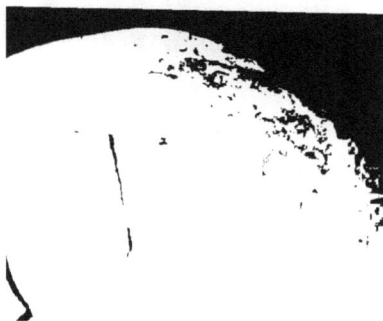

Tab. 13

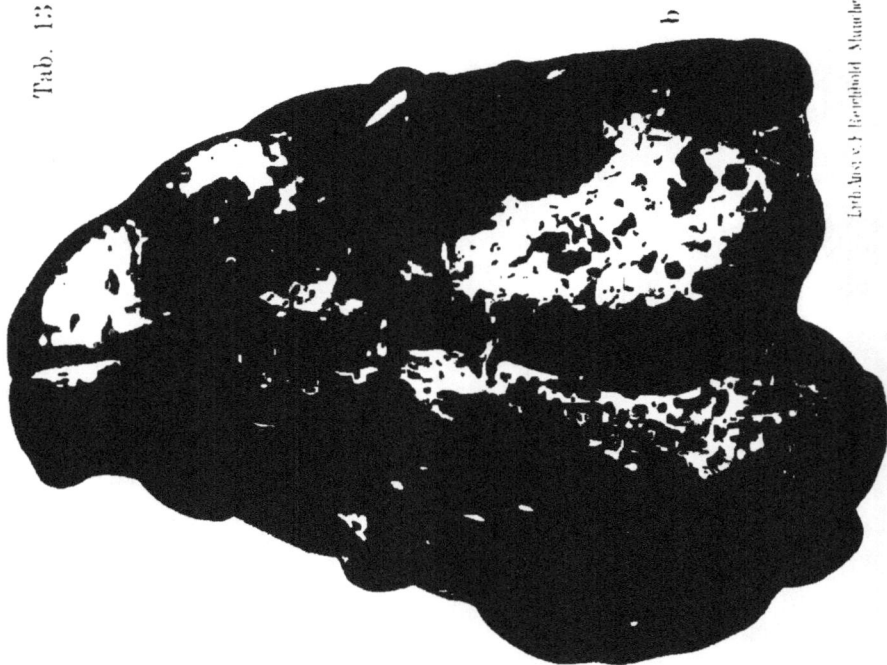

b

a

Lith.Anst.v.Berthold Maushe

Contusio pulmonum. Lungenquetschung.

Fig. a und b. Ober- und Unterlappen der linken Lunge einer 24jährigen Frau, welche sich in der Nacht durch Sturz aus dem 4. Stockwerk auf die Gasse getötet hatte und infolge hochgradiger Schädelzertrümmerung sofort gestorben war.

Ausserdem waren links alle, rechts die 6.—8. Rippe gebrochen, die rechte Lunge am Hylus partiell abgerissen und mehrere Kapselrisse an der Leber, doch nur mit geringer Blutung in den Thorax und in die Bauchhöhle.

Die linke Lunge bot den hier dargestellten eigentümlichen Befund. Beide Lappen sind sichtlich gebläht und collabierten nach dem Herausnehmen nicht. Die Oberfläche beider Lappen, insbesondere der Aussenfläche des Oberlappens Fig. a und der Interlobarfläche des Unterlappes Fig. b sind durch subseröse bis guldenstückgrosse Extravasate blutrot marmoriert und die Pleura über letzteren teils in bis über bohnengrosse, teils in kleinere Blasen abgehoben. Die subpleuralen Extravasate sind bis über wallnussgross, dringen sich verschmälernd unregelmässig keilförmig in das Lungenparenchym ein und sind, wie namentlich in Fig. a zu sehen ist, ebenfalls mit kleinen Luftblasen durchsetzt. Auch in den tieferen Partien der Lungenschnittfläche sieht man zerstreute, bis bohnengrosse blutrote dichte Stellen, in welchen hie und da ein kleines feines Luftbläschen eingebettet ist.

Ein solcher Befund kann auf dreifache Weise zu Stande kommen: 1. einfach durch Aspiration von Blut, oder 2. durch direkte, oder 3. durch indirekte Lungenquetschung.

Aspiration von Blut in die Lungen ist sowohl bei natürlichen Todesarten Hämoptoe als bei gewaltsamen (Halsdurchschneidung, Zertrümmerung der Schädelbasis etc. nicht selten. Die Lungen sind dann schon von aussen, noch mehr aber auf den Schnittflächen von aspiriertem Blut marmoriert und die Bronchien mit letzterem mehr weniger stark gefüllt. Es kann dabei zu Rupturen einzelner Alveolen und zur Bildung von interstitiellem Emphysem kommen, was aber, ebenso wie beim analogen Ertrinkungstode, nur ausnahmsweise geschieht. Luftblasen von der hier beobachteten Grösse habe ich bei diesen Todesarten bisher nicht gesehen.

Eine direkte Lungenquetschung kommt insbesondere bei Rippenbrüchen vor, ist zwar allerdings meistens mit Zerreissung der Pleura, eventuell grober Zerreissung des Lungenparenchyms verbunden, kann aber auch ohne solche Läsionen zu Stande kommen.

Am häufigsten aber scheinen solche Befunde indirekt, d. h. nicht an der Stelle, wo die Gewalt traf, sondern an einer davon entfernten zu entstehen und zwar in der Weise, dass von einer durch äussere Gewalt plötzlich komprimierten Lungenpartie aus die Luft und das in den Gefässen enthaltene Blut plötzlich in die peripheren Lungenteile hineingetrieben wird, wodurch mehr weniger ausgedehnte Zerreissung des Lungengewebes mit Blutung und interstitiellem Emphysem veranlasst wird.

Auch im vorliegenden Falle dürfte der abgebildete Befund auf indirekte Weise entstanden sein, indem durch den Sturz aus grosser Höhe direkt auf den Kopf und die dadurch veranlasste Schädelzertrümmerung und durch die mehrfachen Rippenbrüche eine plötzliche Kompression des Thorax und gleichzeitig eine plötzliche Verdrängung der Brustorgane, speziell des Inhaltes der Lungen bewirkt wurde, welche die erwähnten Effekte nach sich zog.

Erklärung zu Tafel 14.

Peritonitis ex ruptura jejuni traumatica.

M. H., 40 Jahre alt, wurde am 12. Januar 1896 abends in das allgemeine Krankenhaus gebracht, wo er noch in derselben Nacht starb. Seiner eigenen Aussage nach soll ihm zwei Tage zuvor ein grosses Eisstück von einem Wagen auf den Bauch gefallen sein.

Die Obduktion ergab äusserlich keine Verletzung. Innerlich in der Bauchhöhle massenhaftes eiterig-faserstoffiges Exsudat, durch welches sämtliche Baucheingeweide untereinander und mit der Bauchwand verklebt waren, insbesondere die Gedärme. Das Bauchfell überall fleckig injiciert und getrübt. Beiläufig in der Mitte des Jejunum gegenüber der Wirbelsäule ein Querriss der gesamten Darmwand, welcher die ganze Peripherie des Darmrohrs bis auf eine schmale Brücke am Gekrösansatz betrifft. Die Ränder des Risses sind samt der Schleimhaut nach aussen umgestülpt, geschwellt und gerötet, mit verwaschenen Blutaustritten, welche sich auch unter dem benachbarten Peritoneum finden. Die Risstelle ist mit der Nachbarschaft durch Exsudat verklebt und letzteres in der Umgebung besonders stark angesammelt.

Die Entstehung der Ruptur lässt sich in der Weise erklären, dass die betreffende Darmpartie durch das herabfallende schwere Eisstück plötzlich gegen die Wirbelsäule, somit gegen eine harte Unterlage angepresst und so zur Berstung gebracht wurde.

Fig. 100.

Erklärung zu Figur 100.

Ausgeheilter Lochbruch der rechten Scheitelgegend.

G. W., 18 Jahre alt, hatte am 8. Juli von einem Kameraden im Scherze einen Schlag mit der flachen Hand auf die rechte Scheitelgegend erhalten, wurde darauf sofort schwindlich, erbrach mehreremale und bekam epileptische Anfälle, die sich im Laufe der folgenden Tage in unregelmässigen Intervallen in steigender Intensität und Heftigkeit wiederholten und am 10. Tage zum Tode führten.

Die gerichtliche Obduktion ergab in der rechten äusseren Scheitelgegend eine bohnengrosse, glänzende, etwas eingezogene fixierte Narbe. Darunter eine rundliche, 18—20 mm breite Lücke im Knochen mit abgerundeten reaktionslosen Rändern, deren Grund von den einesteils mit den Schädeldecken, andererseits mit den inneren Randpartien der Lücke, den inneren Meningen und der darunter liegenden Hirnrinde fest und narbig verwachsen ist, ohne dass irgendwo Blutaustritte oder sonstige frische Infraktionserscheinungen zu bemerken wären. An der Innenseite dieser Lücke im äusseren Anteil bemerkt man 2 fast bohnengrosse Abhebungen der Glastafel, von denen eine in das Lumen der Lücke vorragt und nach einwärts deprimiert ist. Die Splitter sind fest angewachsen und zeigen ebenfalls keine Spur von frischen Fraktionserscheinungen. Die der Lücke angelagerte und mit ihr verwachsene Stelle der Hirnrinde ist von rundlicher Form, hat einen Durchmesser von bis 20 mm und entspricht fast dem ganzen Umfange des rechten Scheitelläppchens. Sonst finden sich weder am Gehirn noch am Schädel weitere Veränderungen.

Die sonstige Obduktion ergab stark hyperämische und ödematöse Lungen mit ausgebreiteten Aspirationspneumonien.

Durch die Erhebungen wurde konstatiert, dass der ausgeheilte Lochbruch von einem Hiebe mit einer Erdäpfelhaue herrührte, welchen der Untersuchte als Schulknabe erlitten hatte. Er soll damals lange krank gelegen sein und ein Arzt soll mehrere Knochensplitter entfernt haben. Seitdem habe der Knabe an epileptischen Anfällen gelitten, die aber in den letzten Jahren nur selten aufgetreten sein sollen.

Zwischen dem Tode des G. und dem 10 Tage zuvor erlittenen Schlag auf die rechte Scheitelgegend beziehungsweise auf die dort befindliche Knochenlücke bestand zweifellos ein ursächlicher Zusammenhang, da dadurch sofort heftige und ungewöhnlich häufige epileptische Anfälle und durch diese wieder die als nächste Todesursache erkannten ausgebreiteten Aspirationspneumonien veranlasst wurden; es müsse jedoch erklärt werden, dass dieser Schlag nicht seiner allgemeinen Natur nach, sondern wegen der damals schon bestandenen Lücke an der getroffenen Stelle, somit wegen einer krankhaften, dem Thäter unbekannt gewesenen Leibesbeschaffenheit den Tod herbeigeführt habe.

Mord durch mehrfache mit verschiedenen Werkzeugen zugefügte Verletzungen.

Am 5. Jänner mittags wurde die 38 Jahre alte B. K., nachdem man sie schreien gehört hatte, in ihrem Zimmer im Blut liegend und sterbend gefunden. Neben ihr stand ihr Geliebter mit einem blutigen Fleischhackmesser in der Hand. Am Boden lag bei der Leiche ein frisch zerbrochenes, über und über mit Blut bedecktes Bügeleisen. Der sofort verhaftete Thäter gab an, dass er seiner Geliebten, weil sie ihm kein Geld geben wollte und schimpfte, das Bügeleisen an den Kopf geworfen und ihr dann, als sie röchelnd am Boden lag, mit dem Hackmesser den Hals durchschnitten habe.

Die Obduktion ergab:

1. am behaarten Teile des Kopfes eine grosse Zahl (an 20) teils unregelmässig sternförmiger, teils unregelmässig schlitzförmiger Wunden, welche sich vielfach kreuzten, insbesondere den Hinterkopf betrafen und meistens bis auf den Schädelknochen drangen, woselbst ihnen an 2 der Parietalwölbung entsprechende Stellen rechtwinklig mit dem Scheitel nach vorn und links gekehrte terrassenförmig abgestufte Einbrüche mit 1—1½ cm langen Schenkeln und von der in Fig. 101 abgebildeten Form entsprechen, unter welchen die Glastafel zu je einem rechtwinkligen Splitter abgehoben war.

2. drei von vorn nach hinten parallel ziehende, ziemlich scharfrandige, schlitzförmige Trennungen der Schädeldecken über dem Stirnbein von bis Fingerlänge, von denen namentlich die mittlere wegen ihrer Länge und dadurch auffällt, dass ihre Ränder von der Unterlage abgeplatzt sind, was besonders im hinteren Anteil der Fall ist. Entsprechend dieser Wunde

fand sich ein 4 cm langer, in der Mitte bis 1 cm breiter spitzovaler Einbruch mit bogenförmig auseinanderweichenden Rändern und gegen seine Längsachse kielförmig vertieften Grund, welchem Kiele ein etwas längerer gleich verlaufender feinzackiger Sprung in der Glastafel entsprach. Fig. 101.

3. Eine grosse Zahl von verschieden langen, unregelmässig schlitzförmigen Wunden am oberen Teile des Gesichtes, mit unregelmässigem bloss Weichteile betreffenden Grunde, von denen sich das innere Ende der einen vor dem linken Gehörgange liegenden in eine lineare, quer über das Jochbein verlaufende vertrocknete Spur sich fortsetzt. Ausserdem diffuse Suffusionen und Kratzer.

4. Eine Zertrümmerung der linken Ohrmuschel, deren hintere Leiste nahezu vollständig abgetrennt ist.

5. Am Halse eine quergestellte, von einem Kopfnicker zum andern verlaufende, weit klaffende, die Halswirbelsäule blosslegende, scharfrandige, die Haut und sämmtliche Weichteile des Vorderhalses durchsetzende Wunde, welche parallel mit dem Zungenbein durch den oberen Teil des Kehlkopfes dringt und den obersten Rand des Schildknorpels scharfrandig abtrennt, so dass der Kehlkopf und der in gleicher Höhe scharf durchtrennte Schlund im unteren, die Epiglottis, das Zungenbein und der obere vordere Rand des Schildknorpels im oberen Anteil, der Wunde liegt. In der Höhe dieser Wunde sind beide oberen Schilddrüsenarterien, sowie die linke Carotis samt dem N. vagus unter der Bifurkation quer und vollkommen durchtrennt und beiderseits die Vena jugularis an geschnitten.

An der Vorderfläche der Halswirbelsäule entsprechend den Körpern resp. den Zwischenwirbelscheiben des 2. bis 3. Halswirbels, finden sich in Abständen von 2—3 mm 6 parallele, die ganze Breite der Wirbelkörper einnehmende tiefe, scharfrandige Einschnitte. Auch in den Hauträndern finden sich nahe den Enden beiderseits schnittartige Kerben und von den Winkeln der Wunde in gleicher Richtung mit dieser lassen sich beiderseits lange, oberflächliche, schnittartige Trennungen nach aussen verfolgen.

6. Mehrfache bis thalergrosse Blutunterlaufungen an der Vorderfläche der Brust und an beiden oberen Extremitäten.

7. Kontusionen der Hirnrinde der äusseren Partie des rechten Schläfelappens, dann an der Basis des rechten Hinterhauptlappens und an der Unterfläche beider Kleinhirnhälften mit ziemlich starker intermeningealer Hämorrhagie.

8. Beiderseits, besonders links mehrfache Rippenbrüche, wovon einer mit Durchreissung der Pleura und Verletzung der linken Lunge und etwa 100 gr betragendem Bluterguss in den linken Brustraum. Umschriebene Kontusion der rechten Lunge. Eine guldenstückgrosse Quetschung der oberen äusseren Partie der linken Herzkammer mit Einriss des Epicards und an der Vorderwand des Magens, unmittelbar unter der Cardia, eine fetzige Zerreissung der Magenschleimhaut mit einer halbhandflächengrossen Suffusion mit geronnenem Blute.

Die Leiche war fast überall, besonders am Kopf und Oberkörper, mit Blut bedeckt und die Kleider hochgradig mit Blut durchtränkt. Überall hochgradige Anämie, die Lungen von aspiriertem Blut marmoriert.

Im Gutachten wurde ausgeführt, dass der Tötungsvorgang sich keineswegs so einfach gestaltet habe, wie der Angeklagte angab, sondern dass die Untersuchte durch eine grosse Zahl von brutalen, mit mehrfachen Werkzeugen ausgeübten Verletzungen umgebracht worden ist und dass sich im allgemeinen 3 Kategorien von Verletzungen unterscheiden lassen, nämlich die am Kopfe, dann die am Hals und schliesslich jene am Rumpf und an den oberen Gliedmassen.

Jene am Kopfe sind offenbar durch das betreffende Bügeleisen entstanden, aber nicht durch einen Wurf mit diesem, sondern durch wiederholte, heftige Hiebe mit demselben, von welchen mindestens 3, d. h. diejenigen, denen die rechtwinkeligen, terrassenförmigen Einbrüche am Schädel entsprachen, mit einer der Ecken, die übrigen wahrscheinlich mit den Kanten des Instrumentes, geführt worden sind. Insbesondere gelte letzteres von den langen, sagittal verlaufenden Trennungen über dem behaarten Teile der Stirne, da der gestreckte, kielförmige Einbruch im Stirnbein nur auf diese Weise, nicht aber etwa durch einen Hieb mit dem Hackmesser sich erklärt.

Die intermeningeale Hämorrhagie und die Kontusionen der Hirnrinde waren die Folgen dieser zahlreichen Hiebe.

Die Verletzung am H a l s e ist mit einem schneidenden Werkzeug zugefügt worden, welches mindestens sechsmal und zwar stets in derselben Richtung, quer über den Vorderhals geführt wurde. Das bei dem Inculpaten gefundene Fleischhackmesser war zu deren Zufügung geeignet. Da jedoch das betreffende Messer schwer und plump und nicht besonders scharf war (es war im Hause zum Zerhacken von Holz benützt worden), so ist nicht anzunehmen, dass es wie ein gewöhnliches Messer, ziehend über den Hals geführt worden ist, sondern ungleich wahrscheinlicher, dass die Verletzungen durch mehrere Hiebe mit der Schneide des Hackmessers veranlasst worden sind, welche Annahme auch durch einen Leichenversuch bestätigt wurde, der ergab, dass es unmöglich war, mit dem betreffenden Hackmesser den Hals zu durchschneiden, dass jedoch derselbe unschwer durch Hiebe mit der betreffenden Schneide durchtrennt werden konnte, wodurch, wie es bei der untersuchten Frau der Fall war, gelang die Haut und die Weichteile scharfrandig zu durchhacken und ganz gleiche, parallele Trennungen in der Halswirbelsäule zu erzeugen.

Was die zahlreichen Rippenbrüche und die Quetschungen der inneren Organe (der Lungen, des Herzens und des Magens) betrifft, so lassen dieselben auf eine dritte brutale Gewalteinwirkung schliessen was sich ungezwungen daraus erklären lässt, dass der Thäter auf der bereits am Boden liegenden Frau gekniet ist, oder noch wahrscheinlicher, dass er dieselbe mit Fusstritten misshandelt hat.

Die Natur dieser Verletzungen, die Multiplicität der übrigen, sowie die zahlreichen Hautquetschungen im Gesicht und an den oberen Gliedmassen beweisen zweifellos, dass die That mit grosser Wut und Brutalität geschehen ist.

Was die Reihenfolge der Zufügung betrifft, so lässt sich zunächst aus der starken Blutung und Suffusion der Kopfverletzungen, sowie aus der damit verbundenen intermeningealen Hämorrhagie schliessen, dass dieselben noch vor der Halsdurchschneidung entstanden sind, da im gegenteiligen Falle wegen der raschen Verblutung aus den grossen Halsgefässen jene Blutungen gar nicht oder wenigstens nicht in so starkem Grade eintreten konnten. Für die vitale Entstehung der Halswunden spricht die grosse Menge des äusserlich und in der Umgebung der Leiche gefundenen Blutes, die hochgradige äussere und innere Anämie und die Marmorierung beider Lungen durch aspiriertes Blut. Auch die Rippenbrüche und die mit ihnen verbundenen Quetschungen der inneren Organe waren suffundiert und im linken Brustraum fanden sich 100 ccm Blut. Diese Verletzungen sind daher noch vor der Halsdurchschneidung oder gleichzeitig mit letzterer entstanden.

Alles zusammengefasst ist somit die Annahme gerechtfertigt, dass die Untersuchte zuerst mit dem Bügeleisen niedergeschlagen und als sie schon am Boden lag, durch zahlreiche Hiebe mit letzterem weiter verletzt wurde und dabei durch Knien auf der Brust oder Fusstritte die Rippenbrüche und inneren Quetschungen erlitt und dass ihr unmittelbar danach die Halsverletzung durch Hiebe mit dem Hackmesser beigebracht und dadurch der Tod durch Verblutung veranlasst wurde.

Der Thäter wurde wegen Mord zum Tode durch den Strang verurteilt, jedoch zum lebenslangen Kerker begnadigt.

Erklärung zu Fig. 102 und 103.

Verletzung der Lunge durch mehrfache Rippenbrüche.

Mann von 44 Jahren, der sich in selbstmörderischer Absicht vom 2. Stockwerk auf die Strasse gestürzt hatte und sofort an innerer Verblutung gestorben war.

Bei der Obduktion fand sich ein mehr als $1/2$ Liter betragender Erguss locker geronnenen Blutes im linken Brustraum, ein Bruch des Sternums und des Beckens, ausserdem aber ein Bruch sämtlicher linker Rippen (Fig. 103) in der Schulterblattlinie, und eine diesen Brüchen entsprechende, tiefe, longitudinale, fast schlitzförmig gestaltete Zerreissung der Hinterfläche des Unterlappens der linken Lunge (Fig. 102), eine unregelmässige Zerreissung des Herzbeutel, eine Ruptur des linken Herzohres und mehrfache, nur das Endocard und die anstossenden Schichten der Muskulatur betreffenden Einrisse in beiden Herzkammern, von denen einer bis zum Epicard reichte.

Offenbar war der Mann auf die Vorderfläche der linken Brustseite aufgefallen, wodurch einesteils das Herz zwischen Sternum und Brustwirbelsäule gequetscht und zum Bersten gebracht wurde, anderseits die erwähnten, in einer Linie gestellten Rippenbrüche zustande kamen, deren äussere, spitze Bruchenden, wie an der Abbildung ersichtlich ist, wie die Zähne eines riesigen Kammes die Pleura durchbohrten und in die Hinterfläche des Unterlappens der linken Lunge eindrangen, woselbst sie die grosse, schlitzförmige Zerreissung veranlassten.

Im geringeren Grade ausgebildet sieht man Verletzungen der Lungen durch eingedrungene Bruchenden von Rippen, öfter meist in der Form von Stichverletzungen, die mitunter eine beträchtliche Tiefe haben können.

—

Fig. 102.

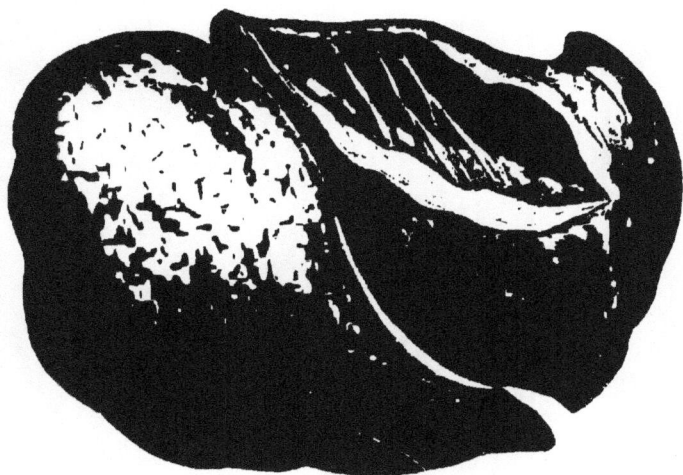

Fig. 103.

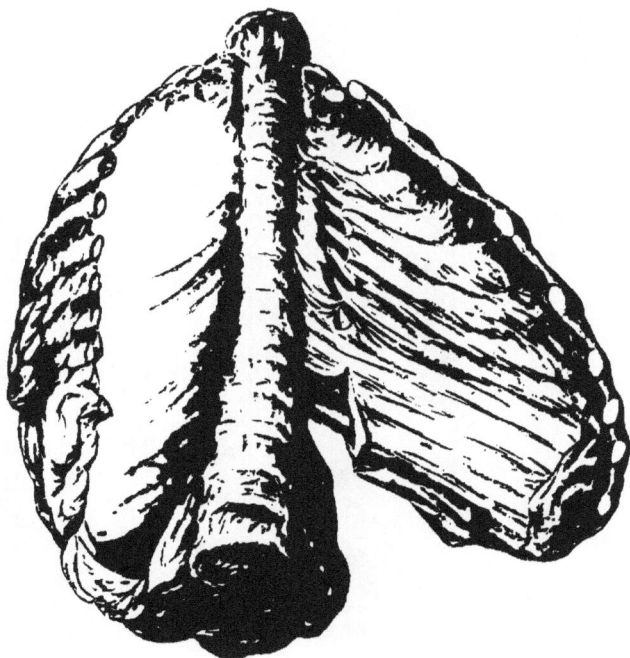

Erklärung zu Tafel 16.

Selbstmord durch Halsdurchschneidung.

Der Fall betrifft einen jungen Mann in den zwanziger Jahren, welcher sich in einer Kammer mit einem scharfgeschliffenen Taschenmesser den Vorderhals durchschnitten hatte. Er wurde am Rücken liegend tot gefunden in einer mässigen Blutlache und mit blutbedeckter rechter Hand, neben welcher das geöffnete blutige Taschenmesser lag.

Nach Reinigung der Leiche zeigte sich die Haut nicht auffallend blass, die Totenflecke waren ziemlich gut entwickelt und auch die sichtbaren Schleimhäute zeigten keine auffallende Blässe, die Wunde am Halse verlief quer von der Mitte des einen Kopfnickers zu der des anderen. Die Hautränder waren scharf und vereinigten sich beiderseits zu einem spitzen Winkel. Im oberen sowohl als im unteren linken Rande bemerkt man neben der Mittellinie einen seichten Einschnitt, als Beweis, dass mindestens zweimal zugeschnitten worden sein musste. Der ganz knorplige Kehlkopf ist der Längsachse der Wunde entsprechend zweimal etwas über der Mitte der Cartilago thyreoidea durchschnitten, so zwar, dass der obere Schnitt ganz quer, der untere links etwas tiefer verlauft. Der Schnitt (offenbar der untere) geht dann quer zwischen den oberen und unteren Stimmbändern hindurch, durchtrennt beiderseits die Giessbeckenknorpel, hinter welchen er die Vorderwand des Schlundes eröffnet.

Von grösseren Gefässen ist nur ein Zweig der schwach entwickelten Art. thyreoidea dextra und die rechte Vena jugularis interna durchschnitten. Schlund, Speiseröhre, Kehlkopf und Luftröhre sind mit ansehnlichen Mengen frischen Blutgerinnsels gefüllt, welche sich beiderseits bis tief in die Bronchien verfolgen lassen. Beide Lungen sind gedunsen und an den Schnittflächen an zahlreichen Stellen von aspiriertem Blut marmoriert.

Aus allem ergibt sich, dass in vorliegendem Falle der Tod nicht zunächst durch Verblutung, sondern infolge des Eindringens von Blut aus der Wunde in den Kehlkopf und von da in die übrigen Luftwege durch Erstickung eingetreten ist.

Bemerkenswert ist auch die deutliche Vorwölbung der seitlichen Halspartien neben den Enden der grossen Halswunde, welche durch die vitale Retraktion und konsekutive Verdickung der Stümpfe der zum grossen Teile durchschnittene Kopfnicker verursacht wird.

— ·

Erklärung zu Fig. 104 und 105.

Selbstmorde durch Halsdurchschneidung.

Fig. 104. Man kann bei dem 43jährigen Selbstmörder 4 quergestellte Hautschnittwunden unterscheiden, die nahe beisammen und parallel in der Kehlkopfgegend liegen. Zwei Schnitte sind flach, kratzerartig, der dritte offenbar durch Vereinigung zweier entstanden, klaffend und in die Tiefe dringend. Das betreffende Hautstück ist, um die tieferen Verletzungen sichtbar zu machen, am Präparate nach aufwärts verschoben und dort angeheftet. Der so blossliegende Kehlkopf zeigt entsprechend der Kante des verknöcherten Adamsapfels 4 scharfe, quere, dicht beisammen liegende, in das Kehlkopflumen dringende Einschnitte, von denen der unterste nach rechts zu den ganzen Schildknorpel durchdringt und die rechten tiefen Halsgefässe samt dem Nervus vagus durchschneidet. Es waren somit 6 Schnitte geführt worden, von den 2 nur die Haut, 4 den Kehlkopf und davon der unterste die rechten tiefen Halsgefässe betrafen.

Die Leiche bot die charakteristischen Merkmale der Verblutung. Das gebrauchte Instrument war ein ziemlich scharfes, starkes Taschenmesser.

Fig. 105. Kehlkopf eines 50jährigen Mannes, der sich den Vorderhals durchschnitten hatte. Drei parallele Einschnitte von symmetrischer Anordnung quer über den Adamsapfel hinweg, von denen der oberste zwischen Kehlkopf und Zungenbein eindringt und teilweise die Epiglottis abschneidet, der zweite in die oberen Stirnbänder sich erstreckt und der dritte am tiefsten liegende das Innere des Kehlkopfes gar nicht eröffnet. Die bloss $1/2$ cm breite Spange zwischen dem obersten und dem zunächst liegenden Schnitt ist in der Mitte schief und etwas unregelmässig durchtrennt. Diese Trennung dürfte eine Fraktur sein, welche durch starkes Andrücken der nicht gar scharfen Klinge zu Stande gekommen ist.

Die tiefen Halsgefässe waren unverletzt, dagegen beiderseits die Vena jugularis externa und die Arteria thyreoidea superior durchschnitten und Blut in den Kehlkopf und in die Trachea eingedrungen.

—

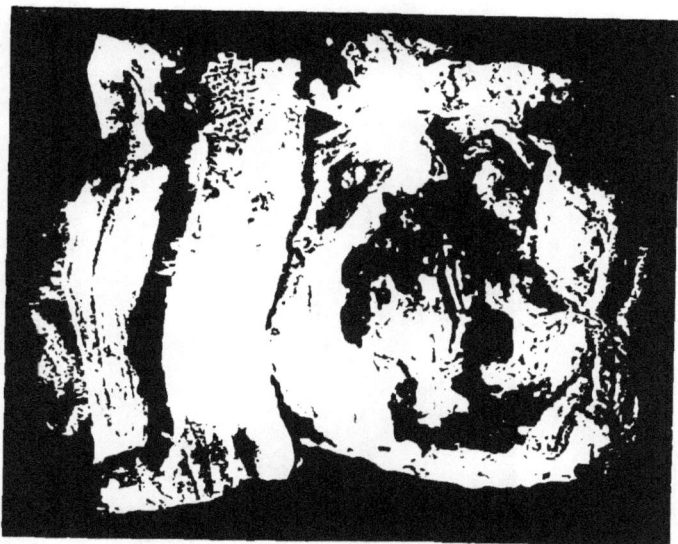

Fig. 104.

Fig. 105.

Fig. 106.

Erklärung zu Figur 106.

Selbstmord durch Halsdurchschneidung.

J. E., 28 Jahre alt, Mediciner, wurde in einem Gasthause in von Innen verschlossenem Zimmer mit durchschnittenem Vorderhals tot aufgefunden. Die Leiche lag in einer grossen Blutlache und war bereits starr.

Am Halse fand sich eine quer scharfrandige Wunde, welche von einem Kopfnicker zum anderen über den Kehlkopf hinwegzog und am oberen Rande links auf 3 cm eingeschnitten war. Im Grunde dieser Wunde liegt der Kehlkopf, welcher unmittelbar über den Stimmbändern quer und scharfrandig bis auf die Schleimhaut der Hinterwand durchtrennt ist und ausserdem 6 teils quer, meistens aber schief von links und oben nach rechts und unten ziehende, vollkommen scharfe Schnitte zeigt, welche in das Lumen eindringen.

Beide Kopfnicker sind in der Höhe der Wunde, der linke ganz, der rechte bis auf eine schmale Brücke durchschnitten und rechts findet sich die Arteria thyreoidea sup., links die grosse tiefe Halsvene und beiderseits die Vena jugularis durchschnitten. Die Leiche zeigt überall starke Anämie, der Kehlkopf und die Bronchien enthalten etwas geronnenes Blut und die Lungen sind von aspiriertem Blut stellenweise marmoriert.

Der Fall ist deshalb von Interesse, weil unter verdächtigen Umständen, wegen der mehrfachen und in verschiedener Richtung erfolgten Zerschneidung des Kehlkopfes, an Tötung durch fremde Hand hätte gedacht werden können.

Erklärung zu Figur 107

zeigt die Leiche eines 4 Monate alten kräftigen Kindes, welche mit einem spitzigen, konischen, an der Basis $\frac{1}{2}$ cm breiten Stachel zu dem Zwecke zerstochen wurde, um erstens die reguläre Spaltbarkeit der Haut und zweitens die wichtige Thatsache zu demonstrieren, dass ein konisches Instrument nicht, wie man erwarten sollte und wie früher gelehrt wurde, runde Stichöffnungen, sondern schlitzförmige erzeugt, die sich von jenen mit Messern beigebrachten nur durch die der lokalen Spaltbarkeit entsprechende konstante Richtung und durch ihre beschränkte Ausdehnung unterscheiden.

Die reguläre Spaltbarkeit lässt sich aus der Regelmässigkeit der Kurven erkennen, in welchen die Wundschlitze den Körper und seine Teile umkreisen, während die zweite Regel nur insoferne eine Ausnahme bildet, als an jenen Stellen, an welchen die Kurven zu parabolischen Dreiecken zusammenstossen, die Stichöffnungen keine schlitzförmige, sondern eine pfeilspitzenförmige oder einem dreistrahligen Stern ähnliche Gestalt besitzen.

Erklärung zu Fig. 108.

Zahlreiche mit einem konischen Stachel erzeugte Stichwunden des Magens.

Die vorliegende Abbildung soll demonstrieren, dass ebenso wie die Haut auch andere Organe, insbesondere Magen und Gedärme eine reguläre Spaltbarkeit besitzen, die sich bei Stichverletzungen mit konischen oder stumpfkantigen Instrumenten geltend macht und dann erkennen lässt, dass die Verletzung mit einem solchen, nicht aber mit einem schneidigen Werkzeug (Messer), welches ohne Rücksicht auf die lokale Spaltbarkeit, nur in der Richtung der Schneide die Teile durchtrennt, beigebracht worden ist.

Der Magen wurde mit flüssigem Talg gefüllt und nach dessen Erstarrung mit einem konischen, 5,5 cm langen und an der Basis 5 mm breiten Stachel ohne Wahl des Ortes überall durchstochen, wonach sich herausstellte, dass die entstandenen Stichöffnungen sich zu regulären Kurven gruppirt hatten und dass jede der Öffnungen sich entsprechend den Schichten der Magenwand aus drei Schlitzen zusammensetzte, von denen der äusserste dem Peritoneum angehörende eine dem Verlaufe der Kurvaturen parallele Richtung, der darunter liegende in der Muskelschichte eine darauf senkrechte und der in der Magenschleimhaut wieder eine andere Richtung zeigte, woraus folgt, dass jeder der Schichten eine reguläre Spaltbarkeit zukommt und dass, wenn ein nicht schneidendes Werkzeug die Magenwand durchbohrt, die Trennung jeder Wandschichte in einer anderen, doch in jeder Schichte konstanten Richtung erfolgt.

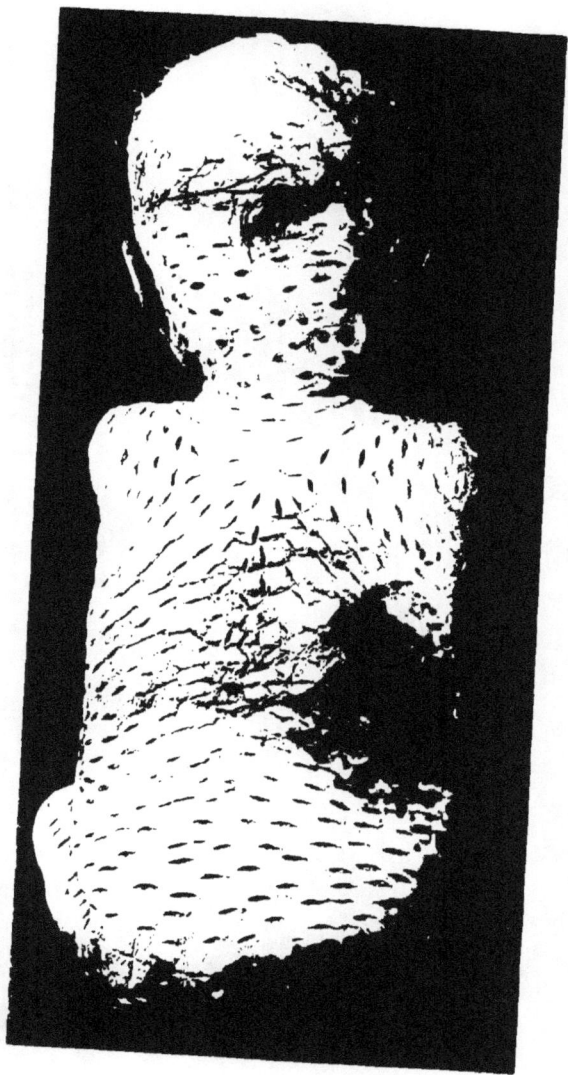

Fig. 107.

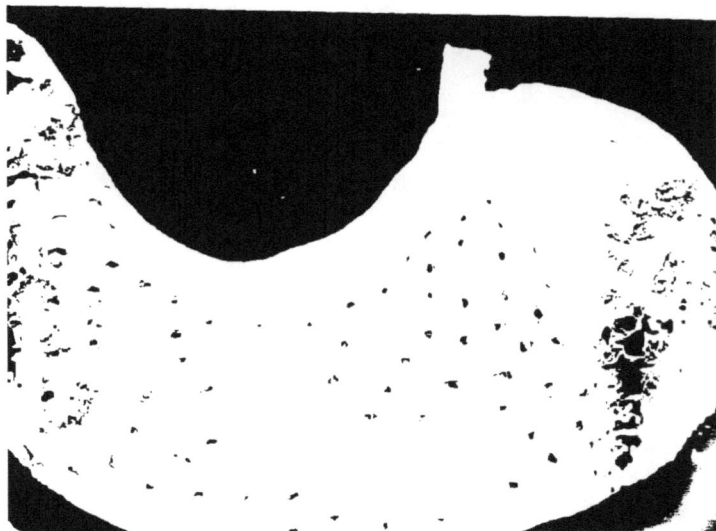

Fig. 108.

Erklärung zu Tafel 17.

Selbstmord durch Stich.

Der Fall betrifft einen Arzt, der sich in einem Hotel das Leben genommen hatte. Seine Leiche wurde hinter der Thüre des betreffenden Zimmers, quer und auf der linken Seite liegend, gefunden, so dass man die nicht versperrte Thüre anfangs nicht zu öffnen vermochte. Sie war über und über mit frisch geronnenem Blute bedeckt und bloss mit dem vorn geöffneten und zurückgeschlagenen, überall mit Blut durchtränktem Hemde bekleidet. Von der Leiche liessen sich ausgebreitete Blutspuren bis zum Bette verfolgen, dessen Wäsche ebenfalls vielfach mit Blut durchtränkt war und neben welchem ein grösseres geöffnetes, stark mit Blut beflecktes Taschenmesser lag.

Die Stellung der Arme und Hände ist aus der Abbildung ersichtlich.

Nach Reinigung der Leiche wurden 6 Stichwunden konstatiert, wovon die eine rechts am Halse, die 5 übrigen an der Vorderfläche der linken Brust gelegen waren. Sämtliche diese Wunden hatten eine schlitzförmige Gestalt und zeigten bogenförmig auseinandertretende, vollkommen scharfe und beiderseits zu einem spitzen Winkel zusammenlaufende Ränder, zwischen welchen geronnenes Blut angesammelt war und in Form von angetrockneten Streifen nach links sich verfolgen liess, wohin dasselbe wahrscheinlich erst beim Wenden der Leiche hingeflossen war.

Die Wunde an der rechten Halsseite war quergestellt, im zusammengelegten Zustande 3 cm lang und setzte sich in einen keilförmig sich verschmälernden Kanal fort, welcher, von der Mitte des inneren Randes des Kopfnickers beginnend, direkt von vorn nach hinten und etwas von innen nach aussen bis zu den Querfortsätzen der mittleren Halswirbel verlief, auf diesem Wege die Aussenwand der rechten A. carotis und der Vena jugularis quer eröffnend, ohne den N. Vagus zu verletzen. Sämtliche durchtrennten Weichteile waren in weitem Umfange mit geronnenem Blut durchsetzt.

Von den Brustwunden lag die oberste 3 Querfinger unter der Mitte des linken Schlüsselbeins, durchdrang direkt von vorn nach hinten den 2. Intercostalraum und endete in der tuberkulös entarteten und an dieser Stelle umschrieben angewachsenen Lunge.

Die 4 übrigen Wunden waren alle auf einer handflächengrossen Stelle in der linken Brustwarzengegend zusammengedrängt und waren ebenso wie die früher genannte gleich, d. h. fast quer gestellt. Auch sie durchdrangen in der Richtung von vorn nach hinten, teilweise mit Verletzung der Rippen, die Brustwand resp. den 3. und 4. Intercostalraum und endeten in der vorderen und äusseren Partie des Oberlappens der linken Lunge, in welche sie mit 6 schlitzförmigen, 4—7 mm langen Öffnungen bis auf 1—3 cm Tiefe eindrangen. Im linken Brustraum wurden etwa 300 gr teils flüssigen, teils locker geronnenen Blutes vorgefunden. Bei näherer Untersuchung ergab sich, dass zwei der äusseren Eingangsöffnungen Einschnitte in den Rändern der Wundschlitze zeigten und dass einer derselben eine doppelte schlitzförmige Öffnung in der Pleura entsprach, woraus folgt, dass in diese Öffnungen zweimal eingestochen wurde, woraus wieder sich erklärt, dass bei 5 Einstichöffnungen in der Haut 7 Stichöffnungen in der Lunge gefunden worden sind.

Der Selbstmord war durch die äusseren Umstände und den Totalbefund ausser Zweifel gestellt, und es war klar, dass der Untersuchte sich die Wunden im Bett beigebracht hatte und dann noch aufzustehen und zur Thüre zu gehen vermochte, wo er erst zusammenbrach. Abgesehen von diesen Verhältnissen, war das geöffnete und unverletzte Hemd, die gleichmässige Stellung der Stichöffnungen, der gleichmässige Verlauf der Stichkanäle, sowie die dichte Beieinanderlagerung der Stichöffnungen auf der Brust, sowie der Umstand, dass in zwei der Öffnungen je zweimal eingestochen wurde, geeignet gewesen, mehr für Selbstmord als für Tötung durch fremde Hand zu sprechen.

Der Verlauf der Stichkanäle, insbesondere desjenigen am Halse, liess daran denken, dass die Stiche mit der linken Hand beigebracht wurden, und es ergaben in der That die Erhebungen, dass der Untersuchte ein Linkshänder gewesen war.

Das Motiv der That dürfte die tuberkulöse Erkrankung gewesen sein.

Erklärung zu Tafel 18.

Dreifache Verletzung des Dünndarms durch einen Stich. Peritonitis.

Sch. J., 49 Jahre alt, wurde am 21. Oktober nachts vor einem Branntweinladen bei einer Rauferei mit einem Taschenmesser in den Bauch gestochen und starb zwei Tage darauf im Spital, woselbst er jede Operation verweigerte.

Die am 25. Oktober vorgenommene Obduktion ergab äusserlich: ein Querfinger nach innen vom rechten vorderen Darmbeinstachel, 3 Querfinger über der Leistenbeuge eine mit letzterer parallel verlaufende, schlitzförmige, 3.5 cm lange und auf 11 mm klaffende, scharfrandige Wunde, deren äusseres Ende spitzwinklig, das innere etwas abgestumpft ist. Der obere Rand verläuft ziemlich gerade, während der untere stark bogenförmig nach aussen gewölbt ist. Der Grund der Wunde wird von etwas missfärbiger Muskulatur gebildet und vertieft sich unter den inneren Rand der Wunde. Bei Verfolgung der letzteren ergiebt sich, dass die Wunde in der Richtung von aussen nach innen die gesamte Bauchwand durchdringt und dass ihr im Bauchfell ein mit der äusseren Wundöffnung gleichgestellter, 17 mm langer, scharfrandiger und spitzwinkliger Schlitz entspricht.

In der Bauchhöhle eine grosse Menge missfärbiger, flockig getrübter Flüssigkeit. Bauchfell überall, besonders im Unterbauch, stark fleckig gerötet und die Eingeweide, insbesondere jene der rechten Unterbauchgegend, untereinander und mit der Bauchwand durch eiterig-faserstoffiges Exsudat verklebt.

Gegenüber der Bauchwunde findet sich etwa 1 m vom Blinddarm entfernt eine Dünndarmschlinge, an der Konvexität quer und scharfrandig durchtrennt, so dass nur eine hintere, 2½ cm breite, der Gekrösinsertion entsprechende Brücke übrig bleibt. Etwa 15 cm oberhalb dieser Stelle ist der Dünndarm von 2 einander gegenüberliegenden, ebenfalls quer gestellten, scharfrandigen Schlitzen durchbohrt, von denen der untere 2, der obere 1,5 cm misst, und abermals etwa 15 cm höher findet sich ein 1,5 cm langer Querschlitz in der unteren Darmwand, aus welchem sich ebenso wie aus den übrigen Darminhalt entleert. Sämtliche Schlitze liegen ziemlich in einer Richtung und zeigen mit Exsudat und missfärbigen Blutgerinnseln belegte Ränder. Die Schleimhaut ist überall düster gerötet, geschwellt und nach auswärts gestülpt, wie dieses bei in vivo entstandenen, auch bei ganz frischen Darmdurchtrennungen, in der Regel der Fall ist.

Wir sehen somit in diesem Falle drei durch einen einzigen Messerstich erzeugte Verletzungen, welche zugleich Beispiele der 3 Hauptformen von Darmstichwunden darbieten, nämlich die Aufschlitzung der Darmwand, die doppelte und die einfache Perforation.

Fig. 109. Stichwunden mit einem vierkantigen Bilderhaken.

Das Schädeldach einer 77 jährigen Frau, welche am 3. August 1882 in einer Blutlache liegend tot aufgefunden wurde. Die Leiche zeigte im ganzen 38 Stichwunden, wovon 32 am Kopfe und im Gesichte, von welchen 11 bis zum Schädelknochen eindrangen, 4 nur die äussere Tafel und 3 die ganze Dicke des Schädeldaches durchbohrten, woselbst ihnen eine ähnliche Durchbohrung der Meningen und Verletzung der Hirnrinde mit ausgebreiteten Blutaustritten entsprach. Eine der am Hinterkopf befindlichen war sogar bis zur Varolsbrücke eingedrungen.

Die Stichöffnungen in der Haut hatten teils eine schlitzförmige, teils eine unregelmässig sternförmige Gestalt, dagegen stellten die im Schädeldach scharfrandige, quadratische Löcher dar, von welchen das grösste in der linken hinteren Schläfegegend sich befand und $\frac{1}{2}$ cm im Durchmesser betrug.

Es war somit klar, dass die Stiche mit einem 4 kantigen Instrument beigebracht worden waren. In der That war bei der Leiche im Blute liegend ein grosser, zum Aufhängen schwerer Bilder dienender, eiserner Nagel, ein sogen. Spiegelhaken gefunden worden, welcher eine Länge von 17 und an der Basis eine Breite von 1 cm besass, vierkantig war, in eine Spitze zulief, und welcher genau in die Schädelöffnungen hineinpasste, so dass es zweifellos war, dass eben dieser Nagel das verletzende Werkzeug gewesen ist.

Dass die Frau ermordet worden war, konnte umsoweniger einem Zweifel unterliegen, als die meisten Stichwunden den Hinterkopf betrafen, als ferner auch im Gesicht und an beiden Händen Stichwunden sich fanden und als auch der rechte Unterkiefer gebrochen war.

Der Thäter ist nicht eruiert worden.

Fig. 110. Messerstich im Scheitelbein.

Die Wunde war mit einem grösseren Taschenmesser erzeugt worden, zeigt deutlich die Form des Querschnittes der betreffenden Klinge und lässt erkennen, wohin die Schneide und wohin der Rücken derselben gekehrt gewesen war. Von den Rändern in der äusseren Knochentafel ist nur der vordere an breiten Ende des Keils etwas eingebrochen, der andere, sowie der des Keilrückens scharf. Dagegen war die Glastafel an beiden Rändern etwas abgehoben.

Der Tod war durch intermeningeale Hämorrhagie erfolgt.

Fig. 109.

Fig. 110.

Fig. 111.

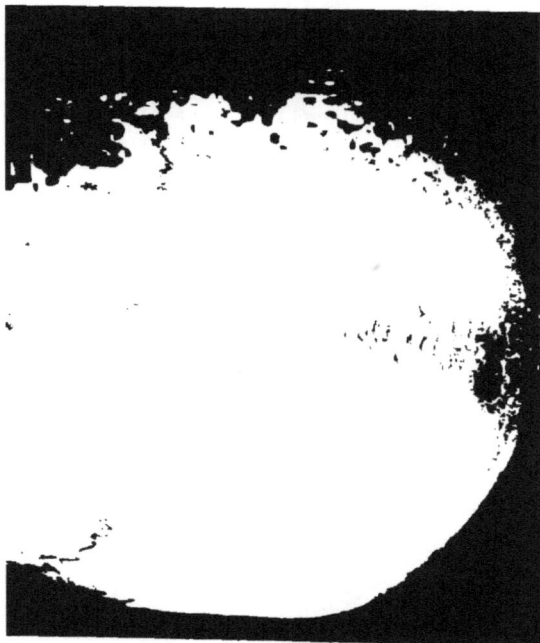

Fig. 112.

Erklärung zu Fig. 111 und 112.

Fig. 111. Schädeldach eines jungen Mannes, der sich in selbst-mörderischer Absicht zwei starke zum Aufhängen von Lampen bestimmte Bolzen in den Kopf eingeschlagen und hierauf sich aus dem Fenster gestürzt hatte. Der Tod erfolgte durch innere Verblutung infolge von Leberrupturen.

Die Stichöffnungen sind fast 1 cm weit und vollkommen kreisrund. Sie waren durch die Meningen eingedrungen und an beiden Stellen bis in die Rindensubstanz des Gehirns.

Fig. 112. Stichwunden mit einer zugeschliffenen dreikantigen Feile. Mord.

Drei von den Wunden zeigen die Form eines dreistrahligen Sternes, indem jede der drei schneidigen Kanten der Feile die Haut einge-schnitten hatte. Zwei andere sind, obgleich mit demselben Instrumente zugefügt, unregelmässig, entweder weil Hautfalten getroffen wurden, oder weil in dieselbe Stelle mehrmals zugestochen wurde.

Erklärung zu Fig. 113 und 114.

Stich-Schnittwunden der linken Hand durch Gegenwehr.

Der Befund ergab sich bei einem 47 Jahre alten Mann, welcher bei einer Rauferei durch 24 Messerstiche in den Kopf und 9 Stiche in den Thorax getötet worden ist.

Die in Fig. 113 abgebildete Rückenfläche der linken Hand und des anstossenden Vorderarms zeigt 6 Stich-Schnittwunden, wovon 3 schlitzförmige den Handrücken und eine die Streckseite des Vorderarmes betreffen, während die 2 anderen tangentiale Aufschlitzungen der Haut darstellen, von denen die eine an der Ulnarseite des ersten Gliedes des Mittelfingers, die zweite oberhalb des Capitulum ulnae sich findet.

An der Innenseite dieser Hand, Fig. 114, sieht man ausser den Fortsetzungen der letztgenannten zwei tangentialen Aufschlitzungen drei bis 1 cm lange schlitzförmige Wunden in der Hohlhand und 3 etwas kürzere solche Wunden in der Handbeuge.

Sämtliche Wunden sind unregelmässig gestellt und dringen tief in's Unterhautzellgewebe, ohne dass eine Kommunikation zwischen den Wunden am Handrücken und jenen der Hohlhand nachweisbar wäre.

Sie sind offenbar Messerstiche, die bei der Abwehr entstanden sind und deren grosse Zahl sich aus der Menge der übrigen am Kopfe und an der Brust konstatierten Stiche erklärt und mit diesen in einem begreiflichen Verhältnis steht.

Fig. 113.   Fig. 114.

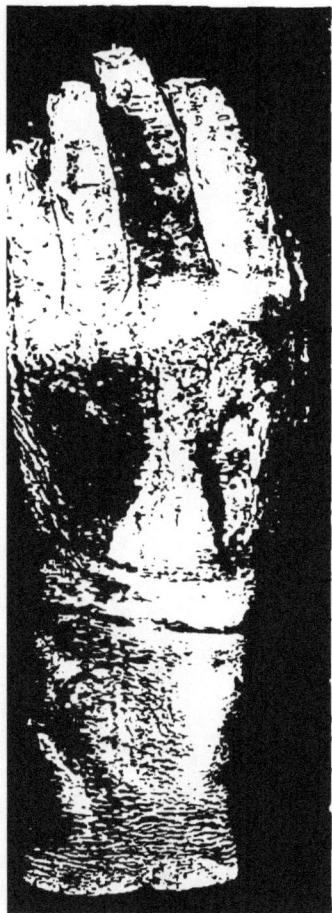 

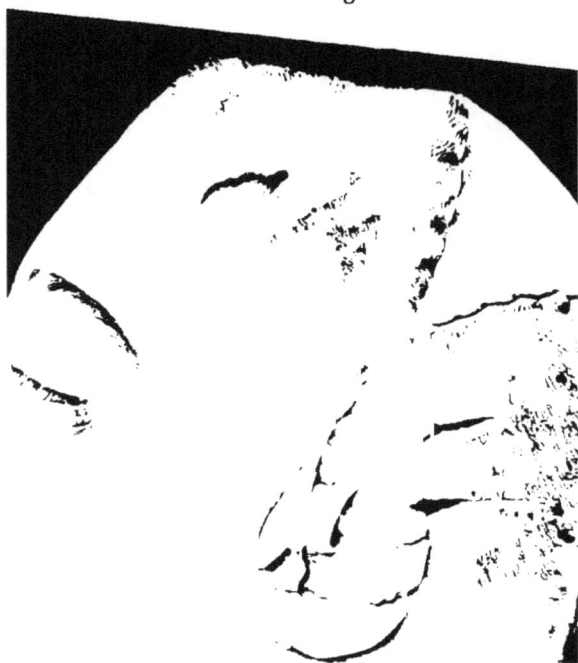

Fig. 115.

Erklärung zu Fig. 115, 116 und 117.

Mord durch Hiebe mit einem Faschinenmesser.

Fig. 115. Am 27. Oktober 1885 nachts wurde die 23 Jahre alte Prostituierte M. S. im Liniengraben tot und offenbar ermordet gefunden. Nach Reinigung des überall mit Blut bedeckten Kopfes fanden sich äusserlich die an der beiliegenden, nach der aufbewahrten Kopfhaut angefertigten Abbildung sichtbaren Verletzungen und zwar 1. eine $4^1/_2$ cm lange, scharfrandige, schlitzförmige, von vorn nach hinten verlaufende über dem linken Stirnhöcker, welche zur Hälfte die unbehaarte, zur Hälfte die behaarte Stirnhaut betraf und bis auf den in gleicher Richtung gespaltenen Knochen drang; 2. drei fast parallele, in Abständen von 2 cm quer über die linke Schläfegegend und durch die Ohrmuschel verlaufende, schlitzförmige und scharfrandige, bis auf die Knochen dringende, bis fingerlange Trennungen, von denen die mittlere und unterste auch den Tragus und Antitragus spaltet und die erstere nach einer Unterbrechung von 1,5 cm in einen nur die oberen Hautschichten durchsetzenden, 1 cm langen Schlitz sich fortsetzt, der unter dem Backenknochen über die Wange verläuft; 3. eine schlitzförmige, scharfrandige, 3 cm lange, bis auf den Knochen dringende Wunde entlang dem unteren Rande des rechten Unterkiefers.

Fig. 116. Zeigt den äusseren Wunden entsprechende Schädelverletzungen. Zunächst die unter der sub 1 erwähnten Wunde an der Stirne liegende Verletzung, welche in einer ebenfalls von vorn nach hinten verlaufenden, $4^1/_2$ cm langen, auf 3—4 mm klaffenden, beiderseits in einen spitzen Winkel zulaufenden Spalte besteht, welche in einer etwas kürzeren Ausdehnung, doch in gleicher Richtung, das Stirnbein durchdringt, die harte Hirnhaut nicht durchtrennt, aber mit Quetschung und Suffusion der inneren Meningen und der darunter liegenden Stirnwindungen verbunden ist und einen inneren zugeschärften und in der Mitte eingebrochenen und einen äusseren, scharf abgeschrägten Rand besitzt und eine partielle Absplitterung der Glastafel aufweist.

Der linke Schläfemuskel unterhalb der spaltförmigen sub 2 beschriebenen Wunden vielfach durchtrennt, in welchen sich nur stellenweise ein spaltförmiger Charakter erkennen lässt. Das linke Schläfebein in seiner ganzen Ausdehnung und die untere Partie des linken Seitenwandbeins zertrümmert, in welcher Zertrümmerung sich jedoch 3 den Hautwunden gleich verlaufende, zum Teile deutlich spaltförmige Haupttrennungen erkennen lassen. Meningen und Gehirn darunter vielfach zerrissen und gequetscht, mit mächtigen Blutgerinnseln durchsetzt.

Aus der Form, Länge und dem Verlaufe der Haut- und der Knochentrennungen wurde geschlossen, dass dieselben durch Hiebe mit einem wuchtigen, eine plumpe Schneide besitzenden Instrumente beigebracht worden sind, welches Werkzeug möglicher-, ja wahrscheinlicherweise ein Säbel oder dgl. gewesen sein dürfte. Auch wurde als wahrscheinlich hingestellt, dass der Hieb über die Stirne der erste gewesen und die übrigen erst der bereits am Boden liegenden und schon wehrlosen Person zugefügt wurden, für welche letztere Vermutung die Zahl und der parallele Verlauf der Trennungen sprach.

Über die Tötung durch fremde Hand konnte umsoweniger ein Zweifel bestehen, als das erste Glied des linken Daumens samt dem Nagel fast vollständig gespalten und suffundiert war, welche Verletzung offenbar bei der Gegenwehr entstanden ist.

Im Scheidenschleim wurden reichliche Spermatozoiden gefunden, woraus jedoch bei dem Gewerbe der Untersuchten nicht mit Bestimmtheit behauptet werden konnte, dass der Thäter unmittelbar vor der Tötung des Mädchens mit ihr den Coitus ausgeübt habe.

Als Thäter wurde ein Artillerist eruiert, der die That mit seinem Faschinenmesser ausgeübt hatte.

Fig. 117. ## Säbelhieb.

F. N., 43 Jahre alt, erhielt bei einem Arbeitertumulte von einem Gendarmen einen Säbelhieb, infolgedessen er nach 14 Tagen an Encephalitis und Meningitis starb. Man kann an der Schädelverletzung deutlich den Hiebspalt und eine davon ausgehende plattenförmige Absprengung eines grossen Teiles des Scheitelbeines unterscheiden. Der Hiebspalt verläuft bogenförmig und mit der Konvexität nach vorn gerichtet von der vorderen Schläfepartie des rechten Scheitelbeins bis zum Scheitelhöcker in der Länge von 10 cm und ist in seiner Mitte am reinsten ausgebildet, wo man besonders deutlich den vorderen, glatt abgeschrägten und den hinteren zugeschärften Rand erkennen kann. Von diesem die ganze Schädeldicke durchsetzenden Hiebspalt ist nach hinten eine ovale, 10 cm lange und bis 5,5 cm breite Platte abgesprengt, welche wie eine Klappe zurückgeschlagen werden kann, so dass man dann durch eine ebenso grosse und spitzoval geformte Öffnung ohne Weiteres in das Schädelinnere hineinsehen kann, deren vordere Umrandung glatt und scharf abgeschrägt, deren hintere abgebrochen ist. Die abgesprengte Knochenplatte ist im oberen Anteil quer gebrochen, während von der Mitte des vorderen Randes, entsprechend der reinsten Ausbildung des Hiebspaltes, die Randpartie in einer Länge von 4 und einer Breite von 1,3 cm in Form einer kleinen ovalen, jedoch nur die äussere Tafel betreffenden Platte isoliert abgehoben ist.

Fig. 116.

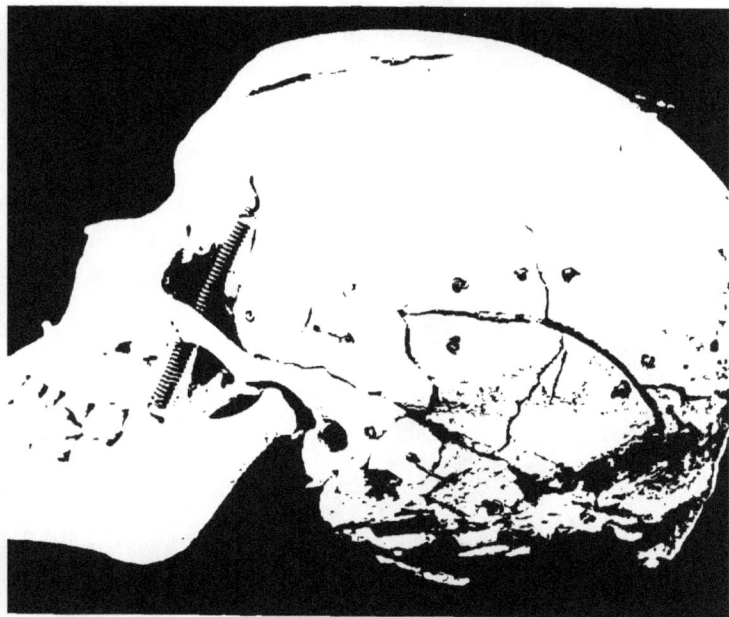

Fig. 117.

Fig. 118.

Fig. 119

Erklärung zu Fig. 118 und 119.

Fig. 118. Mehrfache Hackenhiebe.

Schädeldach einer 43 jährigen Frau, welche samt ihren 4 Kindern von ihrem Manne im Alkoholdelirium ermordet worden ist und zwar die Frau durch Hiebe mit der Schneide einer Hacke und nachträgliche Hals-durchschneidung, die Kinder nur durch Halsdurchschneidung mittelst eines Küchenmessers. Der Mörder, welcher sich ebenfalls Schnitte in der linken Brustgegend beigebracht hatte, starb nach einigen Monaten in der Irrenanstalt.

Man sieht an der rechten Seite des Schädels 4 fast parallel verlaufende Hiebverletzungen. Die 3 vorderen bilden ziemlich reine Hiebspalten, von dem die mittlere und am höchsten gelegene schräg von hinten nach vorn eindringt und mit einer partiellen Absprengung des Knochens im vorderen Anteil verbunden ist. Die 4. in der Gegend des Scheitelhöckers gelegene Verletzung durchdringt schief von vorne nach hinten die ganze Dicke des Knochens und zeigt einen vorderen bogenförmigen, mit der Konvexität nach vorn gekehrten scharf und glatt abgeschrägten Rand, während der hintere zugeschärfte Rand samt einer ovalen die ganze Dicke des Knochens betreffenden Knochenplatte abgesprengt ist und klappenartig abgehoben werden kann.

Fig. 119. Schädeldach eines 54 jährigen Mannes, welcher infolge eines von einem Sicherheitswachmann erhaltenen Säbelhiebes gestorben ist.

Zweieinhalb Querfinger hinter der linken Kranznaht und mit ihr parallel ein 3,5 cm langer linearer Einbruch mit scharfem Rand, hinter welchem ein spitzovales, gleich langes, in der Mitte 1 cm breites Knochenstück abgebrochen und nach vorn auf 1—2 mm Tiefe deprimiert ist. Die Glastafel darunter ist in etwas grösserem Umfange, aber in gleicher Form eingebrochen und durch den vorderen abgehobenen Rand des Splitters die Arteria meningea media verletzt, wodurch ein mächtiges, kuchenförmiges Extravasat zwischen Dura mater und Knochen sich gebildet hatte. Der Säbel war nicht geschliffen, wirkte daher nicht spaltend, sondern wie ein kantiges Werkzeug.

Lochfraktur durch Hieb mit der Schneide eines Beilstockes (Fokos).

Im Jahre 1884 wurde in Wien ein Wechsler samt seinen 2 Knaben von Anarchisten ermordet. An dem einen Knaben fand sich ein rundlicher Einbruch am Hinterkopf, an dem zweiten ein regelmässiger rechteckiger Lochbruch mit rahmenartig eingebrochenen Rändern mitten im Stirnbein, welcher in der 7. Auflage meines Lehrbuches auf S. 457 abgebildet ist, bei dem Vater aber der hier abgebildete keilförmige Lochbruch im rechten Scheitelbein, welcher eine Länge von 4,5 cm und am Rücken des Keils eine Breite von 1,1 cm besitzt und dessen Schneide nach rechts und unten gekehrt ist. Der vordere Rand des Lochbruches ist scharf, der hintere im oberen Anteil eingebrochen, die Ränder der Glastafel beiderseits abgesprengt. Die Splitter derselben sowie die des aus dem Lochbruch stammenden Knochenstückes waren tief in das spaltförmig zertrümmerte Gehirn eingetrieben. Vom Rücken des Lochbruches lässt sich ein Knochenriss bis zur Pfeilnaht und von der Spitze ein solcher nach vorn und unten bis in die mittlere Schädelgrube verfolgen.

Es war klar, dass diese Verletzung durch die Schneide eines hackenförmigen Instrumentes veranlasst worden ist und man hätte, da die Lochfrakturen an den Schädeln der zwei Knaben eine ganz andere Form zeigten, leicht daran denken können, dass 2 oder gar 3 verschiedene Instrumente zur Anwendung gekommen sind, beziehungsweise dass der Mord von 2 oder 3 verschiedenen Thätern ausgeführt worden ist. Da aber beilartige Instrumente vorkommen, welche ausser der Schneide auch einen vorspringenden Rücken mit einer viereckigen umschriebenen Angriffsfläche besitzen, sog. Beilstöcke oder gewisse, in Wien häufig in den Haushaltungen gebrauchte Hacken, so musste daran gedacht werden, dass alle 3 Verletzungen auch mit einem und demselben Werkzeuge resp. durch einen einzigen Thäter hervorgebracht worden sein konnten, indem einmal die Schneide und bei den 2 Knaben der Rücken des Beiles zur Anwendung kam. In der That wurde nachträglich konstatiert, dass nur einer der Anarchisten der Mörder war, und dass derselbe, während der Andere auf der Lauer stand, alle drei Morde mit einem sog. Fokos (kurzer Beilstock) begangen hatte, indem er zuerst den Wechsler mit der Schneide der Hacke tötete und dann die 2 Knaben, welche herbeigelaufen kamen, durch je einen mit dem Rücken der Hacke geführten Hieb niederschlug.

Fig. 120.

Erklärung zu Tafel 19.

Schuss aus unmittelbarer Nähe in die Herzgegend mit einem Revolver von 9 mm Kaliber. Nat. Gr.

Zwei Querfinger nach innen von der linken Brustwarze und etwas oberhalb dieser findet sich eine kreisrunde, 4 mm im Durchmesser haltende, wie mit dem Locheisen herausgeschlagene Öffnung mit geschwärzten Rändern und schwarzem Grunde, aus welcher sich nach rechts ein angetrockneter Blutstreifen entleert. Die Öffnung liegt im Centrum eines ebenfalls kreisrunden, lederartig vertrockneten, schwarzbraunen Hofes, der wieder von einem etwa thalergrossen, im ganzen unregelmässig rundlichen und undeutlich begrenzten, vielfach aufgeschürften Hofe umgeben ist, welcher bereits einzutrocknen beginnt. Diese ganze Partie war ursprünglich mit Pulverschmauch belegt, nach dessen Entfernung durch Wegwischen eine zweite Schwärzung zurückblieb, die namentlich in der oberen Hälfte des aufgeschürften äusseren Hofes zu sehen ist und sich in Form zahlreicher schwarzer, nicht wegwischbarer Punkte präsentiert, die von eingesprengten, unverbrannten oder halbverbrannten Pulverkörnchen herrühren. Schliesslich bemerkt man nach vorgenommener Reinigung des Einschusses und seiner Umgebung mit Wasser noch eine dritte, handflächengrosse, äusserste Zone, welche nach links bis über die Brustwarze hinausreicht, entsprechend welcher die Haut etwas flach vorgewölbt, teigig anzufühlen und leicht bläulich verfärbt ist.

Unterzieht man nun die einzelnen Teile dieser Schussverletzung einer näheren Prüfung, so findet man, dass die kreisrunde Öffnung zweifellos durch das Projektil veranlasst wurde, dass aber, da die Öffnung nur 4 mm, das Projektil aber 9 mm im Durchmesser misst, die Einschussöffnung beträchtlich kleiner ist, als das Projektil. Dies lässt sich nur daraus erklären, dass sich die Haut nach erfolgter Perforation wieder zusammengezogen hat, wodurch eine Verkleinerung der Öffnung hervorgebracht wurde. Offenbar wird die Haut, wenn nicht, wie dies bei Nahschüssen aus grösseren Waffen geschieht, durch die unmittelbare Gewalt der Explosionsgase eine Zerreissung der Wunde stattfindet, durch das Projektil zunächst trichterförmig nach innen eingestülpt, worauf das Projektil dieselbe an der Spitze des Trichters durchbohrt, während der Hauttrichter sich wieder zurückzieht. Bei diesem Vorgang wird die Innenfläche des kegelförmig eingestülpten Hauttrichters aufgeschürft und bildet dann nach erfolgter Retraktion den inneren, lederartig vertrockneten Hof, welchen man gewöhnlich, obgleich irriger Weise als «Brandsaum», bezeichnet, und dessen kreisförmige Begrenzung dem Umfang entspricht, in welchem die Haut eingestülpt worden ist und daher auch annäherungsweise dem Kaliber des Projektils, wovon man sich namentlich durch Schüsse gegen gespannte Kautschukplatten überzeugen kann.

Die Ränder des «Brandsaums» sind bei Nahschüssen gewöhnlich im weiten Umfange unterminiert, besonders wenn die Waffe enge angepresst wurde, und die Wandungen der so gebildeten Höhle sind von Pulver geschwärzt, welcher Befund dann ein wichtiges Kriterion des Nahschusses bildet. Die Unterminierung geschieht durch die unmittelbare Wirkung der Explosionsgase, welche zwischen Haut und die darunter liegenden, festeren Gebilde (Thoraxwand, Schädel u. dergl.) eindringen.

Der den «Brandsaum» umgebende Hof ist durch die Kontusion der Haut durch die Explosionsgase, vielleicht auch durch Versengung entstanden und die Schwärzung auf und in diesem durch die Pulverflamme bezw. die wegwischbare durch den Pulverschmauch, die punktförmig in der Haut steckende durch eingesprengte Pulverkörnchen.

Dagegen rührt der äusserste, handflächengrosse, leicht bläuliche und teigig sich anfühlende Hof von der Suffusion her, die sich in der Nachbarschaft der Schusswunde im subkutanen und intermuskulären Zellgewebe gebildet hat.

Erklärung zu Fig. 121 und 122.

Fig. 121. Selbstmord mit einem Karabiner.

Der in der Herzgegend gelegene Einschuss stellt eine 12 mm breite, unregelmässig rundliche Öffnung dar, mit etwas gezackten, sowohl äusserlich als in der Tiefe geschwärzten Rändern. Die Umgebung ist in weiterm Umfange diffus geschwärzt, die benachbarten Haare versengt.

Der kleinfingerweite Schusskanal drang direkt von vorn nach hinten durch das Herz bis zur Brustwirbelsäule, woselbst in einem der Wirbel das nur wenig deformierte Spitzgeschoss gefunden wurde. Die Schussverletzung unterschied sich daher nicht wesentlich von der nach einem Schuss mit einem Revolver mittleren Kalibers.

Fig. 122. Schuss mit einer kleinen beim Abschiessen zersprungenen Doppelpistole in die rechte Schläfegegend. Selbstmord.

Die Haut der Schläfengegend ist in Handtellergrösse geschwärzt. In der Mitte der Verfärbung eine 2,5 cm lange und bis 1 cm breite unregelmässige Öffnung mit geschwärzten Rändern. Die Haare in der Umgebung versengt. Knapp vor dieser Öffnung ein bräunlicher 1½ resp. 1,3 cm breiter Doppelkreis, welcher offenbar den Abdruck der Mündung des zweiten Laufes darstellt.

Daneben ein Stück der Haut von der rechten Thoraxwand mit einer zwischen dem vorderen Knochenende der 2. und 3. Rippe gelegenen, 2 cm langen bogenförmigen Wunde, in welcher im Unterhautzellgewebe ein 2,5 cm langes und bis 1 cm breites Stück des zersprungenen Laufes gefunden wurde, an dem sich Zündloch und Kammertheile unterscheiden liessen.

Fig. 121.

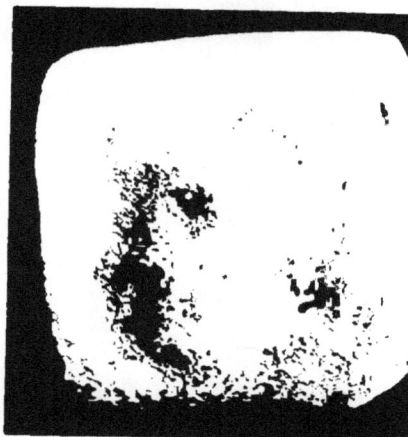

Fig. 122.

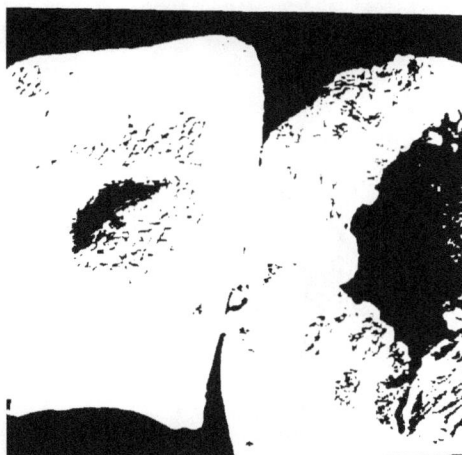

Fig. 123.

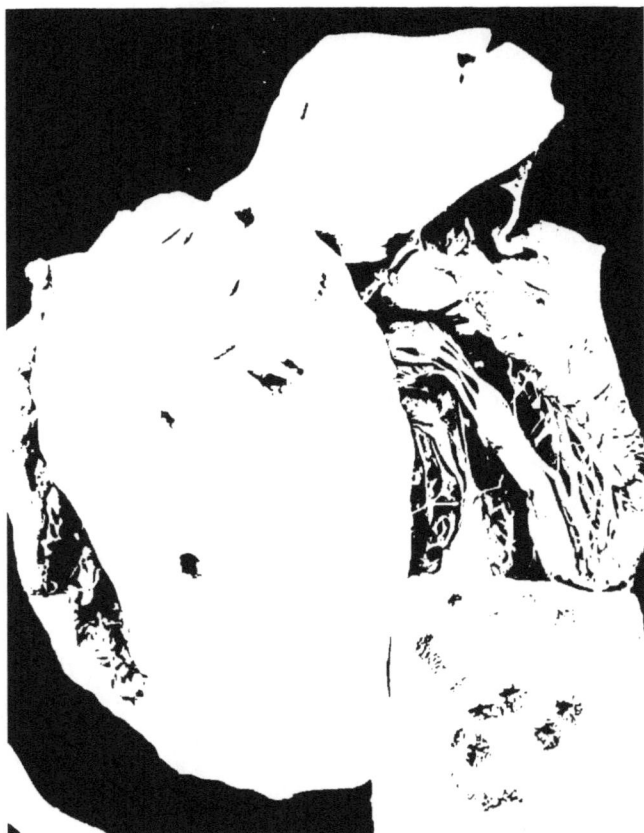

Fig. 123. Selbstmord durch 6 Schüsse in die Herz-gegend, von denen 4 das Herz durchbohrten.

Ein junger, nachträglich als der 22 Jahre alte Ledergalanterie-warenarbeiter J. G. agnoszierte Mann hatte gegen einen Arzt (Annonceur), der ihn an Gonorrhoe behandelte, in dessen Wohnung einen Schuss aus einem Revolver abgefeuert und sich dann durch 6 Schüsse gegen die Herzgegend entleibt.

Es fand sich über dem Sternum oberhalb der die Brustwarzen verbindenden Linie eine fast handflächengrosse, schwarzbraun ver-trocknete, vielfach ausgebuchtete Stelle, von welcher sich ein Teil der Schwärzung wegwaschen liess, und in dieser Stelle 5 linsengrosse rund-liche Öffnungen mit feinzackigen, stark geschwärzten Rändern, welche, dicht beisammen liegend, sämtlich in den Brustkorb eindringen, während eine 6. in der linken Peripherie der schwarzbraun vertrockneten Stelle gelegene und auf der Abbildung nicht sichtbare Öffnung in der Haut blind endet und kein Projektil enthält.

Von den 5 penetrierenden Schusswunden dringt die am meisten nach links gelegene durch den Knorpel der zweiten Rippe und durch die linke Lunge, an deren Hinterfläche sich unter der Pleura ein 5 mm im Durchmesser haltendes konisches, nicht deformiertes Projektil mit Delle findet. Die 4 anderen durchbohren das Sternum, die Vorder-fläche des Herzbeutels und die Vorderwand der rechten Herzkammer, woselbst ihnen im oberen Anteil 3, im unteren 1 schlitzförmige Öffnung entsprechen. Von den ersteren dringt die untere der zwei links befindlichen, in der Richtung von vorn nach hinten und etwas nach oben unterhalb des Ursprungs der Arteria pulmonalis und, den anlagernden Zipfel der Tricuspidalklappe durchbohrend, in die rechte Vorkammer und durch deren Hinterwand in den Mediastinalraum, wo-selbst sich ein zweites, leicht deformiertes Projektil findet. Die obere der erwähnten zwei Öffnungen führt von rechts nach links unter der vorderen Pulmonalklappe in die rechte Kammer, durchbohrt den obersten Teil der Herzscheidewand, dringt in die Aorta, woselbst die rechte Klappe zerrissen und die hintere Aortenwand über den Klappen auf 3 cm weit unregelmässig aufgeschlitzt ist und setzt sich dann durch beide Wände der linken Vorkammer in den hinteren Mediastinalraum fort, woselbst der Wirbelsäule ein drittes Projektil locker aufliegt.

Die links gelegene obere Öffnung durchdringt nur die Vorderwand der rechten Kammer und das zugehörige Projektil ist trotz fortgesetzten Suchens nicht aufzufinden. Die unterste der Öffnungen setzt sich ziemlich gerade von vorn nach hinten durch beide Wände der rechten Kammer fort und das zugehörige Projektil findet sich in den im Herz-beutel befindlichen Blutgerinnseln.

Der vorliegende Fall ist ein instruktives Beispiel für die Thatsache, dass ein das Herz durchdringender Schuss keineswegs sofort Zusammenstürzen und Handlungsunfähigkeit bedingen muss, sondern dem Betreffenden noch gestatten kann, verschiedene Handlungen zu begehen, insbesondere, wie im vorliegenden Falle, sich noch mehrere Schüsse und zwar selbst wiederholte Herzschüsse beizubringen. Es kommt dies namentlich bei Schüssen mit Revolvern vor, da die Schüsse rasch hintereinander abgefeuert werden können, die unmittelbar zertrümmernde Gewalt der Explosionsgase nur eine geringe ist und die Projektile nur verhältnismässig kleine Öffnungen erzeugen, besonders die von Revolvern kleinster Gattung, wie ein solcher im gegenwärtigen Fall benützt worden ist.

Fig. 124. Revolver-Schuss in den Mund. (Selbstmord.)

Unregelmässig winklige, etwa bohnengrosse Öffnung in der hinteren linken Partie des harten Gaumens mit geschwärztem Grund und zackigen geschwärzten Rändern, in deren Nachbarschaft Pulverkörner eingesprengt sind.

Fig. 125. Selbstmord durch Schuss in den Mund. (Revolver.)

Von aussen war bloss Blutung aus Mund und Nase zu bemerken, im vorderen Teile der Mundhöhle jedoch ausgebreitete Pulverschwärzung. Am Dorsum linguae links hinter der Zungenspitze eine über bohnengrosse, unregelmässig schlitzförmige, stark geschwärzte Öffnung, von welcher ein kleinfingerbreiter Kanal nach hinten durch die linke Zungenhälfte abgeht, der am Zungengrund austritt, die linke Hälfte des Kehldeckels zertrümmert, hierauf die Schleimhautfalte über dem linken grossen Kehlkopfhorn aufschlitzt und dann durch die hintere Rachenwand bis zu den zertrümmerten Querfortsätzen der obersten Halswirbel führt, woselbst sich in einer mächtigen Suffusion das nur an der Spitze abgeplattete, 9 mm breite Spitzgeschoss findet. Die vorderen grossen Halsgefässe erweisen sich als unverletzt, dagegen erweist sich die linke Arteria vertebralis entsprechend der Zertrümmerung der Massa lateralis des Atlas unregelmässig zerrissen.

Der Schädel war unverletzt. Zwischen den inneren Hirnhäuten stellenweise, besonders rechts unten am Scheitel Blutaustritte, darunter kleine Kontusionen der Rindensubstanz. Medulla oblongata und Rückenmark unbeschädigt. In beiden Lungen reichliches aspiriertes Blut.

Der Tod war somit teils durch Erschütterung des Gehirnes und deren Konsequenzen, teils durch Erstickung infolge Aspiration des aus der verletzten Arteria vertebralis ausfliessenden Blutes erfolgt.

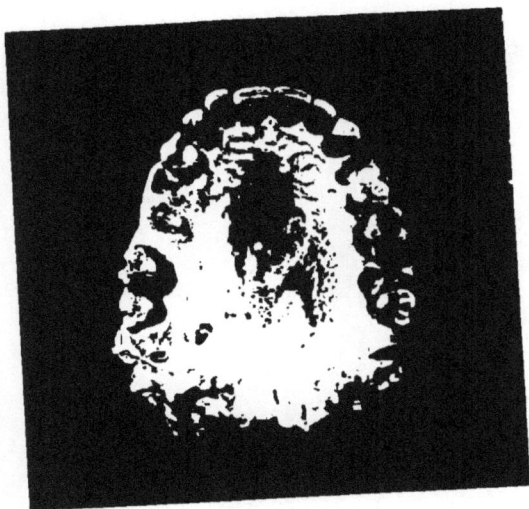
Fig. 124.

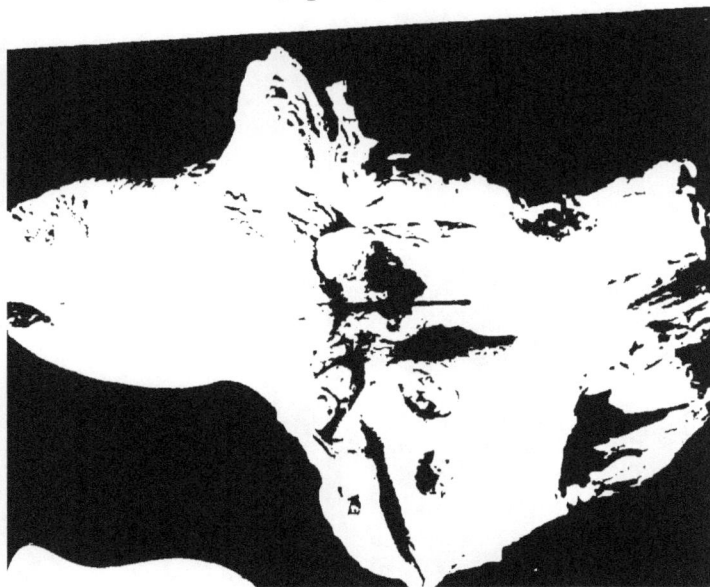
Fig. 125.

Fig. 126.

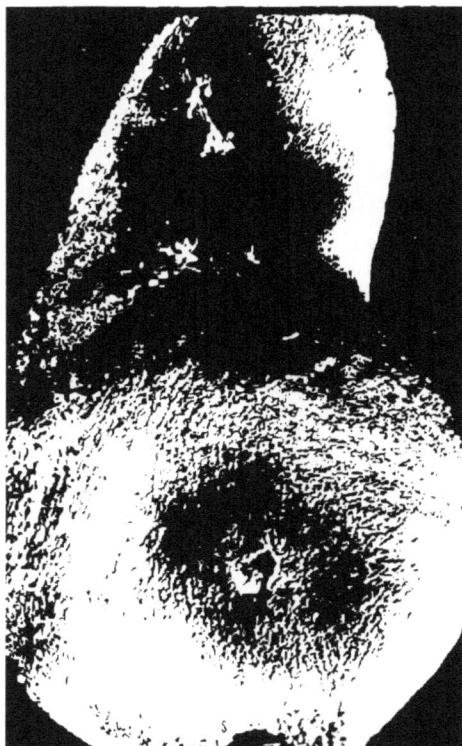

Erklärung zu Fig. 126.

Schuss durch die hängende Mamma mit drei äusseren Öffnungen.

Bei einem Wirtshausstreit excedierte einer der Streitenden mit einem geladenen Revolver von 7 mm Kaliber, welcher, als der Mann herausbefördert werden sollte, angeblich zufällig losging, wodurch eine mehr als einen Meter entfernt bei einem Tische sitzende Hausiererin tödtlich getroffen wurde. Der zuerst herbeigerufene Arzt fand die Frau bereits tot und erklärte, dass nur die zwei oberen Wunden durch den Schuss, die am tiefsten gelegenen aber ihrer schlitzförmigen Gestalt wegen durch einen Stich entstanden sei, welche Ansicht nicht unmöglich erschien, da der Streit in der Umgebung der Frau sich abgespielt und grössere Dimensionen angenommen hatte und angeblich auch Messer gezogen worden waren.

Durch die Obduktion wurde jedoch sichergestellt, dass auch die dritte Öffnung eine Schusswunde war und dass alle 3 durch einen einzigen Schuss in der Weise sich gebildet hatten, dass das Projektil von oben nach unten die hängende Mamma durchbohrte und erst dann in die Brust eindrang, woselbst es die Spitze der linken Herzkammer aufgeschlitzt hatte. Es waren somit in der Haut durch e i n e n Schuss zwei Eingangsöffnungen und eine Ausschussöffnung erzeugt worden. Die erste Einschuss-Öffnung ist unregelmässig rundlich und zeigt einen den Dimensionen des Projektils entsprechenden Kontusionsring, die mittlere der unteren Falte der Brustdrüse entsprechende Öffnung (Ausschuss) ist bereits schlitzförmig, jedoch ohne Kontusionsring, während die dritte am tiefsten gelegene Öffnung zwar ebenfalls schlitzförmig gestaltet ist, aber wenigstens im oberen Anteil eine Abschürfung der Epidermis aufweist und dadurch als Einschuss sich erkennen lässt.

Selbstmord durch Schuss mit einem Jagdgewehr und Stauchpatrone.

Der Fall betrifft einen Offiziersdiener, der sich mit dem Jagdgewehr seines Herrn erschossen hatte. Er hatte sich wahrscheinlich in den Mund oder in den Mundboden geschossen und das Gewehr mit dem Fusse abgedrückt, da an dem einen Fusse der Stiefel ausgezogen war.

Die Zertrümmerung ist eine so hochgradige, dass vom Kopfe nur Knochensplitter und unkenntliche Weichteile übrig geblieben sind. In die Zertrümmerung sind auch beide Kiefer, die ganze Schädelbasis und die obersten Halsorgane samt den obersten Halswirbeln einbezogen.

Da in der betreffenden Patrone 6,5 gr Pulver enthalten waren, so erklärt sich die kolossale Zerstörung schon aus der unmittelbaren Wirkung der Explosionsgase, umsomehr, als Versuche mit grösseren Schusswaffen ergeben haben, dass mit einem blossen Pulverschuss in den Mund ähnliche Verwüstungen erzeugt werden, weshalb es durchaus nicht nothwendig ist, bei einem solchen Befund gleich an ein besonderes Projektil z. B. an ein Explosivgeschoss oder an einen Wasserschuss, zu denken. Im vorliegenden Falle war aber thatsächlich noch ein anderes Moment im Spiele, welches im Stande war, den Effekt des Schusses zu erhöhen, nämlich die eigentümliche Beschaffenheit des Projektils, welches mit einer Stauchvorrichtung versehen war, indem in die Spitze des konischen Weichbleiprojektils ein Kupferstift eingelassen war, welcher, wenn das Geschoss auf Knochen oder andere harte Gegenstände aufschlägt, dasselbe auseinandertreibt.

Fig. 127.

Fig. 128.

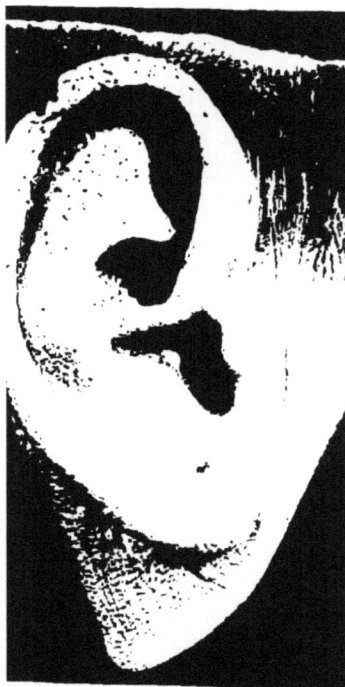

Fig. 129.

Erklärung zu Fig. 128, 129, 130 und 131.

Fig. 128. Streifschuss der rechten Ohrmuschel mit Einsprengung von Pulverkörnern.

Der Fall stammt von einem sogenannten Doppelselbstmord her, wie er in grossen Städten alljährlich und nicht selten mehrmals vorkommt.

In einem Hotel hatte ein junger Mann seine Geliebte erschossen, hatte dann sich selbst zu erschiessen versucht, sich hierauf aus dem Fenster gestürzt und war sofort gestorben und zwar an einer Zerreissung der rechten Lunge und mehrfachen Knochenbrüchen.

An seiner Leiche fand sich oberhalb des rechten Jochbeinfortsatzes ein erbsengrosser, geschwärzter Einschuss, welcher direkt nach innen in einen kurzen, das rechte Orbitaldach zertrümmernden Kanal führt, woselbst sich an der rechten Seite des Hahnenkamms ein deformiertes, 7 mm betragendes Spitzgeschoss eingekeilt findet. Die Dura sowohl als die inneren Meningen über dem Projektil zerrissen und suffundiert, mit Pulvereinsprengungen durchsetzt. Die Hirnrinde daselbst in thalergrossem Umfang kontusioniert.

Dieser Fall ist für sich allein von Interesse, weil er lehrt, dass auch nach einem Schuss gegen den Kopf, wodurch das Gehirn selbst verletzt wurde, die Handlungsfähigkeit mitunter sich erhalten, resp. der Verletzte sich noch einen zweiten Schuss, eventuell eine andere Verletzung beibringen, oder, wie im vorliegenden Fall, sich durch Herabstürzen das Leben nehmen kann.

Das Mädchen starb erst während des Transportes ins Spital. Es zeigte eine Schussverletzung am Kopfe und eine zweite in der Brust.

Erstere begann mit einer halbkreisförmigen, punktförmig geschwärzten, 0,5 cm breiten, rinnenartigen Aufschlitzung des obersten Randes des Helix der rechten Ohrmuschel, in deren Umgebung auf eine Fläche von mehr als thalergrosser Ausdehnung schwarze Punkte in die Ohrmuschel eingesprengt sind, die sich in peripher abnehmender Häufigkeit über die obere Hälfte der Ohrmuschel und deren Einsenkungen verbreiten, und die sich auch in der hinter dem oberen Ansatz der Ohrmuschel befindlichen Kopfhaut finden. Daselbst ein erbsengrosses, geschwärztes Loch, welches in einen Kanal übergeht, der oberhalb der Basis des Felsenbeins in die Schädelhöhle eindringt, beide Ventrikel durchsetzt und in der linken Scheitelgegend ohne Verletzung der Dura endet, woselbst sich zwischen den inneren Meningen, in Blutgerinnsel eingebettet, eine deformierte Spitzkugel von 7 mm Kaliber findet.

Die erbsengrosse Brustwunde befand sich im inneren Anteil der rechten Mamma, die Kleider darüber waren geschlossen, durchbohrt und geschwärzt. Hautwunde und Hände ohne Schwärzung. Der Schuss durchdrang von vorn nach hinten und von rechts nach links die vordere Brustwand, das vordere Mediastinum und den rechten Vorhof.

welche Teile sämtlich hochgradig suffundiert waren, und endete in der linken Seite der Wirbelsäule, woselbst ein deformiertes 7 mm-Projektil stak. — Im Vaginalschleim keine Spermatozoiden.

Dass das Mädchen von dem Manne erschossen wurde, unterliegt wohl keinem Zweifel, ob dies aber mit Einwilligung geschah, muss dahingestellt bleiben, da hiefür keine sicheren Anhaltspunkte vorliegen und der Umstand, dass der Schuss gegen die rechte Brustseite und durch die Kleider hindurch abgefeuert wurde, sowie der, dass bei dem Schuss in die rechte Schläfegegend die Mündung der Waffe nicht unmittelbar angelegt, sondern, wie die Ausbreitung der Pulvereinsprengungen auf eine grössere Fläche schliessen lässt und wie Versuche mit demselben Revolver auch bestätigten, etwa 5 cm weit vom Körper gehalten worden war, den Verdacht erweckt, dass die Erschiessung auch ohne Wissen und Willen der Untersuchten geschehen sein konnte.

Fig. 129. **Schusskanal quer durch das Gehirn. Selbstmord.**

Einschuss in der rechten Schläfegegend. Schusskanal quer durch beide Streifenhügel und Seitenkammern mit zertrümmerter Hirnsubstanz und Blutgerinnseln gefüllt und ausserdem in nach links abnehmendem Grade durch Pulver geschwärzt.

Fig. 130. **Einfacher Lochschuss im Stirnbein durch einen gewöhnlichen Revolver.**

Rundliche, 12 mm breite Eingangsöffnung mit scharfen, nach innen abgeschrägten Rändern. Keine Ausschussöffnung. Selbstmord.

Fig. 131. **Nahschuss mit einem Mannlichergewehr. Selbstmord.**

Rundlicher Einschuss an der Glabella frontis, von welcher sternförmig 2 Sprünge nach aussen in die Orbita abgehen, wo sie mit Zertrümmerungen der Schädeldächer enden und ein dritter, der nach rückwärts über die Mitte der linken Kranznaht zum linken Scheitelhöcker verlauft, wo er in einem äusseren, zur linken Hinterhauptsgrube herabziehenden und einem inneren, fast quer und bogenförmig über das hintere Drittel der Pfeilnaht zur gesprengten rechten Schläfeschuppe verlaufenden Schenkel sich gabelt, zwischen welchen die Hinterhauptsknochen hochgradig zertrümmert sind.

Fig. 130.

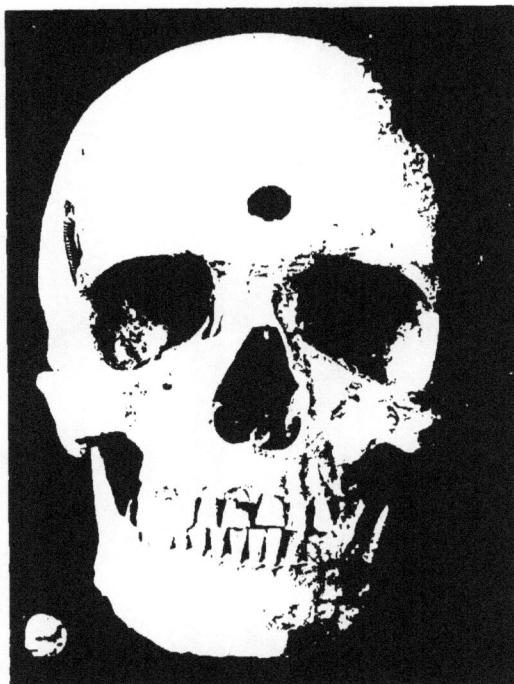

Fig. 131.

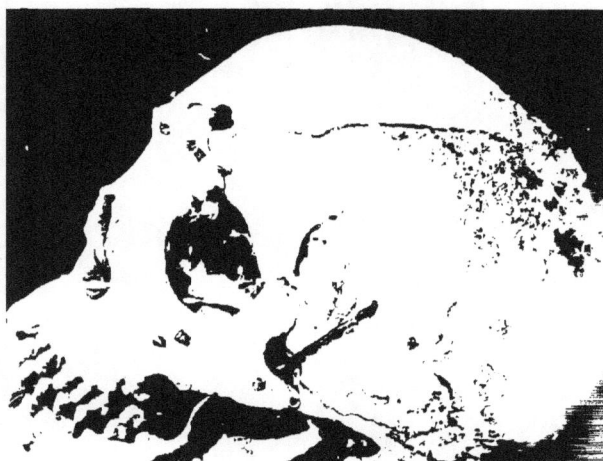

Fig. 132.

Fig. 133.

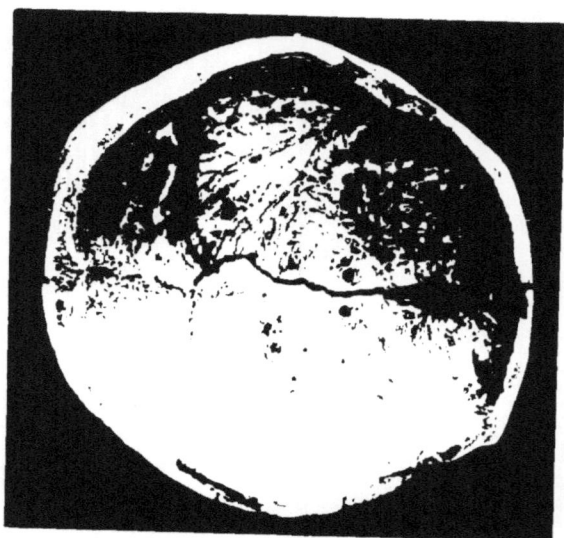

Erklärung zu Fig. 132 und 133.

Fig. 132. Ausschuss der auf Fig. 31 abgebildeten Schussverletzung mit einem Mannlichergewehr.

Derselbe bildet ein fast 2 cm breites, nach aussen abgeschrägtes, an der Glastafel scharfrandiges, rundliches Loch am Hinterkopf, um welches herum die Knochen ursprünglich unregelmässig zertrümmert erschienen, jedoch nach der Zusammenfügung sich als eine fast den ganzen Hinterkopf einnehmende, unregelmässig rundliche Platte erwiesen, in deren unterem Anteil die Ausschussöffnung sitzt, die wieder im Centrum einer kleineren kreisförmigen Knochenscheibe sich befindet, welche von der Ausschussöffnung aus in 4 Richtungen radiär gesprengt ist und einen leicht nach aussen vorragenden Kegel bildet.

Fig. 133. Selbstmord durch Schuss mit einem mittleren Revolver in die Stirne. Innenseite des Einschusses mit abgeschrägten Rändern. Von der hinteren Peripherie der Öffnung ein Sprung neben der obliterierten Pfeilnaht bis zu deren Mitte abgehend, wo er sich unter einem sehr stumpfen Winkel in zwei lange Schenkel gabelt.

Erklärung zu Fig. 134 und 135.

Fig. 134. **Anschussöffnung rechts am Hinterkopf nach einem Schuss in die linke Stirngegend (Selbstmord) mit einem Dienstrevolver (9 mm).**

Es ist eine halbhandflächengrosse Knochenplatte herausgeschlagen, welche stark zertrümmert ist und in der Mitte ein unregelmässiges, über bohnengrosses Loch zeigt, durch welches das Projektil herausgefahren ist.

Die der herausgeschlagenen Knochenplatte entsprechende grosse Öffnung ist unregelmässig rundlich mit einer nach unten ziehenden Ausbuchtung und zeigt innere, scharfe und nach aussen abgeschrägte Ränder, so dass man trotz der grossen Zerstörung dennoch deutlich erkennen kann, dass die betreffende Gewalt aus dem Inneren des Schädellumens herauskam, dass es sich somit um eine Ausschussöffnung handelt.

Fig. 135. **Selbstmord durch Schuss mit einem Armeerevolver (12 mm) in die rechte Schläfegegend**

Im vorderen, unteren Anteil des rechten Planum temporale findet sich die untere Hälfte der kreisrunden 1,5 cm im Durchmesser haltenden Einschussöffnung. Die obere Hälfte samt einem handgrossen Stück des Scheitelbeines fehlt und lag der Leiche gar nicht bei, weil es wahrscheinlich infolge der Explosionsgewalt fortgeschleudert worden war und gar nicht gefunden wurde. Der Schädel zeigt ausserdem mehrere lange, teils von der Schussöffnung, teils von den schmalen Enden des grossen ovalen mit der Längsachse sagittal gestellten Knochendefektes ausgehende Risse, die sich zum Teil bis auf die Schädelbasis erstrecken. Das Gehirn war zum Teile abgängig, sonst unregelmässig zertrümmert und in demselben fand sich ein stark deformiertes, 12 mm breites Spitzgeschoss. — Die grosse Verwüstung erklärt sich aus einer bedeutenden Wirkung der Explosionsgase und setzt eine grössere Pulverladung resp. eine grössere Waffe voraus. Dass die Sprengung des Schädels von innen aus erfolgte, lässt sich an den Rändern des grossen Knochendefektes deutlich erkennen, da dieselben innen scharf, nach aussen aber überall stark abgeschrägt sind.

Fig. 134.

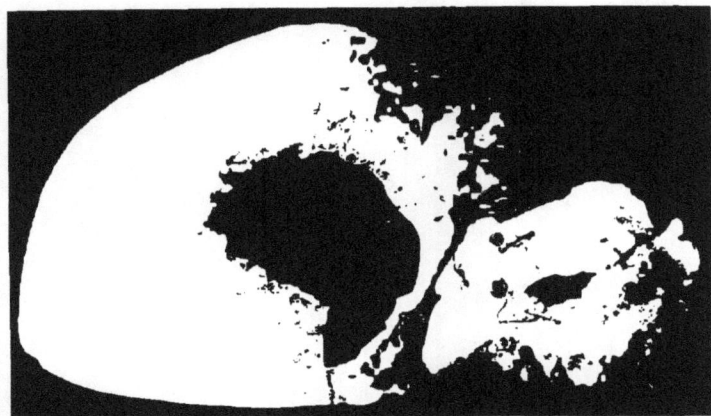

Fig. 135.

Fig. 136.

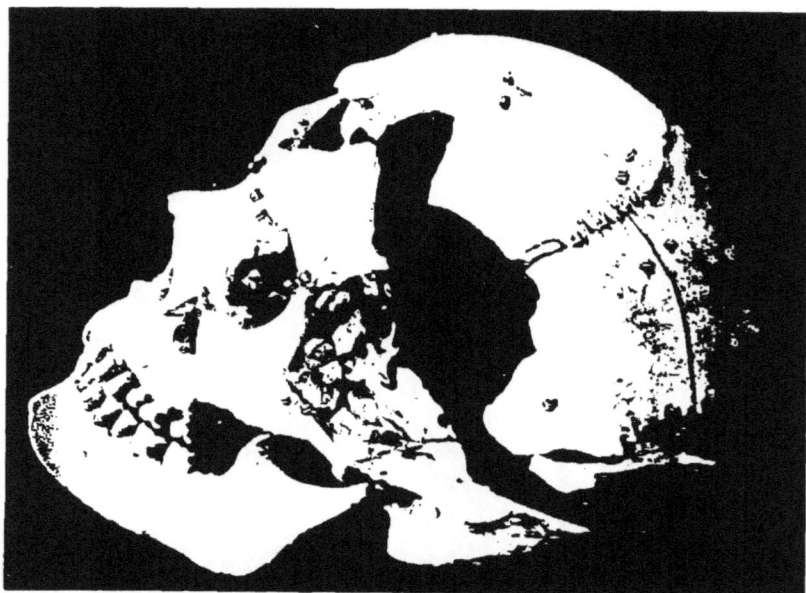

Fig. 137.

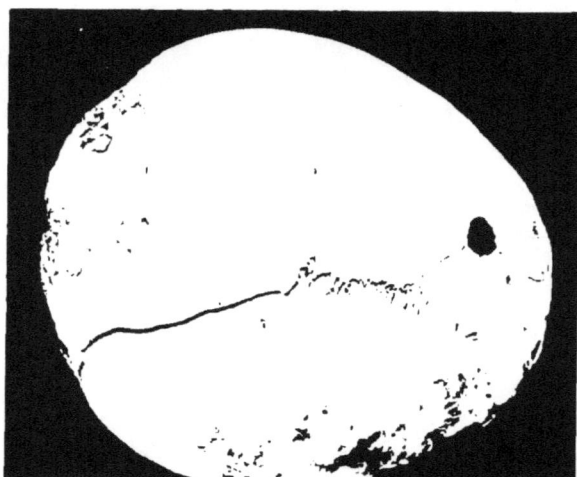

Erklärung zu Fig. 136 und 137.

Fig. 136. Selbstmord durch Schuss mit einer mittel-
grossen und mit gehacktem Blei geladenen Pistole
in die linke Schläfegegend.

Schädel eines 21 Jahre alten Mannes. Hochgradige lochförmige
Zertrümmerung des letzteren mit Sprengung der benachbarten Knochen,
partieller Abhebung des Schädeldaches und Diastase der rechten
Kranznaht.

———

Fig. 137. Mord durch Anarchisten.

Schuss aus unmittelbarer Nähe dem am Boden Liegenden
beigebracht. Einschuss über dem inneren Drittel der linken Kranznaht.
Von demselben 2 Sprünge abgehend, von denen der vordere durch
das Stirnbein bis zum linken Tuber, der andere aber nach rückwärts
zur Pfeilnaht, dann durch diese zum inneren, hinteren Anteil des
rechten Seitenwandbeines bis in die rechte Hinterhauptsgrube herabzieht. Das Projektil drang senkrecht durch die vordere Partie des
linken Seitenventrikels und fand sich deformiert an der Schädelbasis.

———

Erklärung zu Fig. 138 und 139.

Selbstmord durch Schuss. Ungewöhnliche Lage des Einschusses.

Fig. 138. Der eine kreisrunde Öffnung darstellende Einschuss befindet sich im rechten Seitenwandbein in dem von der Pfeilnaht und rechten Kranznaht gebildeten Winkel. Das Stirnbein ist in seiner Mitte gesprengt, welcher offenbar durch die plötzliche senkrechte Kompression des Schädels entstandene Sprung vor der Einschussöffnung in der Mitte der Kranznaht beginnt und allmählig sich erweiternd gegen die Schädelbasis herabzieht, wo er am Türkensattel endet. An der Spitze der rechten Felsenbeinpyramide fand sich die der Abbildung beigegebene, pilzförmig deformierte Revolverkugel.

Fig. 139. Schädel eines 30 jährigen Mannes, welcher sich abends in einem stark besuchten Pratercafé auf einem Stuhle sitzend erschossen hatte. Nach der Detonation sah man ihn vom Stuhle sinken, in der Hand eine doppelläufige Hinterladerpistole von 9 mm Kaliber haltend. Bei ihm wurden weitere Patronen und eine Karte gefunden, worin er Notlage als Grund des Selbstmordes angiebt. Der Einschuss befindet sich merkwürdiger Weise am Hinterkopf, unmittelbar über der Spitze der Hinterhauptschuppe und war von aussen durch Pulverschwärzung gekennzeichnet.

Die Öffnung ist rund, 12 mm weit, mit aussen scharfen, nach innen abgeschrägten Rändern. Von der rechten Peripherie derselben beginnt eine Diastase der Lambdanaht, welche in einen grobzackigen Knochensprung übergeht, der den ganzen Schädel beiläufig in der Richtung, in welcher man denselben aufzusägen pflegt, umkreist, das Schädeldach auf diese Weise klappenförmig absprengt und links in einer Diastase der Naht zwischen Hinterhauptsbein und Felsenpyramide endet. Ausserdem sind isolierte Frakturen beider Augenhöhlendächer nachweisbar.

Das stark deformierte Spitzgeschoss fand sich an der zertrümmerten Spitze der rechten Felsenbeinpyramide.

Der Fall ist durch die ganz ungewöhnliche Lage des Einschusses bemerkenswert, welche, wenn der Selbstmord nicht coram populo und unter sonst ganz klaren Umständen geschehen wäre, leicht den Verdacht erweckt haben konnte, dass der Untersuchte durch fremde Hand erschossen worden sei.

Fig. 138.

Fig. 139.

Fig. 140.

Erklärung zu Fig. 140.

Schrotschuss aus einem Jagdgewehr in die linke Stirngegend auf 3 Schritte Entfernung. Älterer Mann beim Holzdiebstahl erschossen. Hochgradige Zertrümmerung des Schädels, insbesondere in der linken Stirn- und Schläfegegend, mit Defekt einzelner Knochenstücke.

Erklärung zu Tafel 20.

Kontur- oder Ringelschuss.

Eine interessante Form der Ablenkung des Projektils von der Schussrichtung oder der sog. Ricochetteschüsse im Innern des Körpers bildet der sog. Ringelschuss, bei welchem das schief einen gewölbten Knochen treffende Geschoss um letzteren herumfährt. Man hat solche Verlaufsformen sowohl an der Konvexität solcher Knochen, z. B. an der Schädelwölbung oder entlang der Rippen als auch an der Konkavität derselben beobachtet.

Der auf Tafel 20 abgebildete Fall gehört in letztere Kategorie. Er betrifft einen jungen Mann, der sich durch einen Schuss mit einem Revolver von 7 mm Kaliber getötet hatte. Das Projektil war in der rechten äusseren Schläfegegend unmittelbar vor der Haarwuchsgrenze mit einer erbsengrossen geschwärzten Öffnung schief nach oben und hinten durch den Schläfemuskel, den grossen Keilbeinflügel in die äussere Partie der rechten Fossa Sylvii bis zur Konkavität der rechten Stirnwölbung eingedrungen und ist dann entlang zwischen der fest anliegenden Dura und der Hirnoberfläche mit halbkanalförmiger Aufschlitzung der Hirnwindungen und der sie bedeckenden inneren Meningen von vorne nach hinten um die ganze Gehirnwölbung herumgefahren, bis es in den vorderen äusseren Windungen des rechten Hinterhauptlappens stecken blieb.

Eine solche sowie anderweitige Ablenkungen des Geschosses können die Verfolgung des Schusskanals und die Auffindung des Projektils recht erschweren, verdienen daher Beachtung. Es empfiehlt sich zunächst, das Gehirn in toto herauszunehmen, das intermeningeale Extravasat vorsichtig zu entfernen und dann erst zur weiteren Untersuchung des Gehirns zu schreiten.

Ungleich häufiger als solche bogenförmige Ablenkungen finden sich winklige und zwar fast immer erst am Ende des Schusskanals, indem das schief aufschlagende Geschoss unter einem spitzen oder stumpfen Winkel in das Gehirn wieder zurückfährt und so einen neuen meist kurzen Schusskanal bildet.

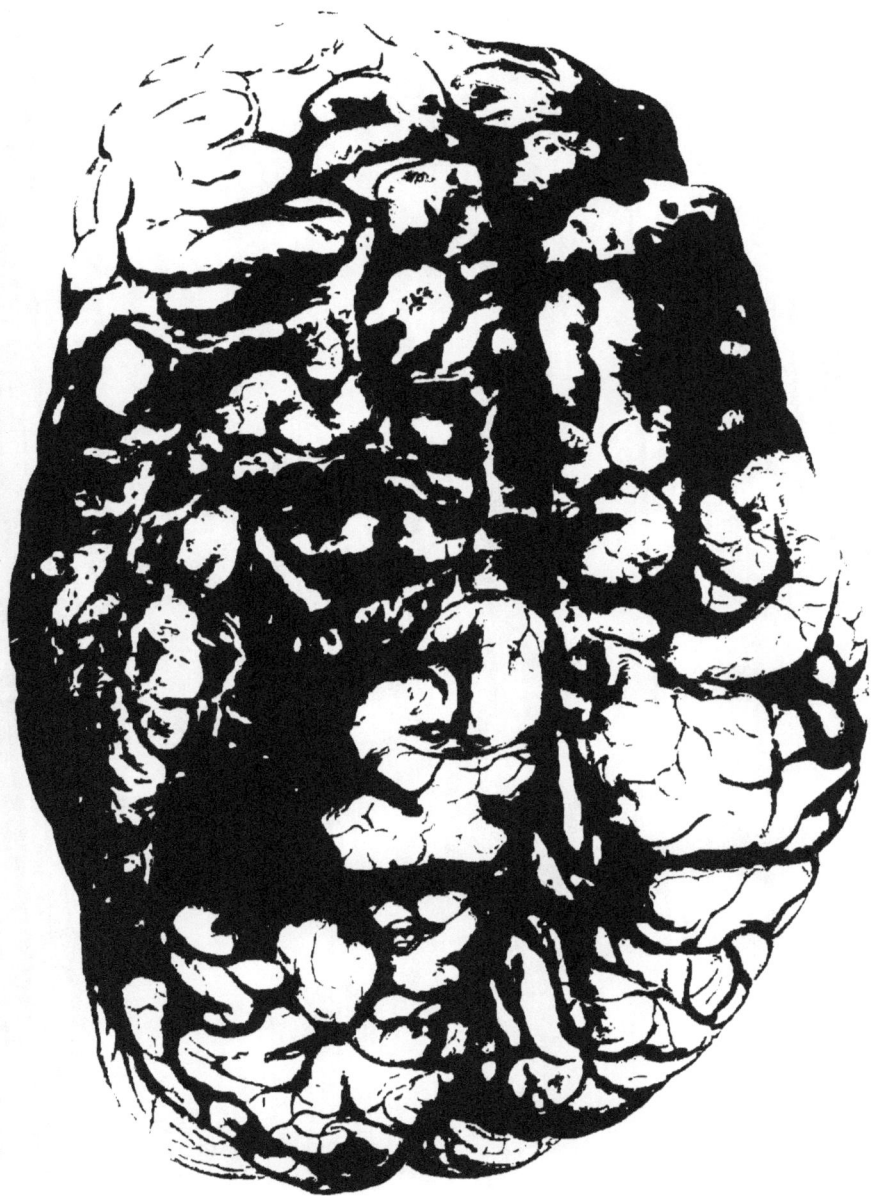

Fig. 141 — 155.

141

145

151

142

146

152

147

153

143

148

154

149

144

150

155

Erklärung zu Fig. 141 bis 155.

Deformation der Projektile.

Eine Deformation des Projektils kommt sehr gewöhnlich zu Stande, namentlich dann, wenn Knochen getroffen wurden. Solche Deformationen erschweren die Erkennung der Natur des Projektils (ob gewöhnliche oder Spitzkugel oder gehacktes Blei), ebenso die Beantwortung der Frage, ob dasselbe aus einem bestimmten Gewehr abgefeuert wurde und ist auch auf die weitere Beschaffenheit des Schusskanals von Einfluss, der dann sowohl im getroffenen Knochen, als in den dahinter gelegenen Weichteilen desto weiter und unregelmässiger sich gestaltet, je grösser die Deformation des Projektils gewesen war.

Die Grösse der Deformation hängt zunächst von der Weichheit des Projektilmaterials ab und es ist bekannt, dass namentlich Weichbleigeschosse unter sonst gleichen Verhältnissen die intensivsten Veränderungen erfahren. Ausserdem ist die Deformation desto stärker, mit je grösserer Propulsionskraft das Projektil aufgeschlagen hatte und je resistenter der Knochen gewesen ist, z. B. bei Röhrenknochen grösser als bei flachen. Die Form der Veränderung ist vorzugsweise durch die Richtung bedingt, in welcher das Projektil die Knochen trifft und davon, ob die getroffene Stelle eine ebene oder schiefe Fläche oder eine Kante oder ein Vorsprung gewesen ist. Schlug das Projektil senkrecht auf eine Knochenfläche auf, so wird es zunächst kuchenförmig plattgedrückt und kann mitunter wie ein dünnes Plättchen auf dem Knochen liegen bleiben, dringt es aber in den Knochen ein, oder durch denselben hindurch, so wird es pilzförmig abgeflacht und die Ränder zugleich nach aussen umgestülpt. Die Hauptveränderung betrifft das vordere Ende des Projektils, (bei konischen) die Spitze, während das hintere Ende, «die Delle», sich erhält und in der Regel selbst bei ganz flachgedrückten Projektilen das ehemalige Spitzgeschoss deutlich erkennen lässt. Fig. 142, 145, 153, 154 und 162 zeigten solche Geschosse. Traf das Geschoss schief, so wird die vordere Partie mehr weniger schief deformiert (gestaucht), aber auch die Delle, die aber trotzdem fast immer deutlich erkennbar bleibt Fig. 141, Militärgeschoss (Langblei) Fig. 143, italienisches oder französisches Spitzgeschoss aus der Schlacht bei Solferino (eingeheilt), Fig. 144, russische Brdankugel aus dem russisch-türkischen Krieg; Fig. 148 und 160.

Traf die Kugel Knochenkante oder feste Rauhigkeiten, so kann sie ganz unregelmässig deformiert, insbesondere backenzahnförmig, theilweise aber vollständig gespalten und es können Stücke derselben abgesprengt werden und weitere Schusskanäle erzeugen Fig. 151, 152, 155.

Erklärung zu Fig. 156 bis 169.

— ——

Um bei Militärgewehren die aus der Deformation der Geschosse resultierenden Übelstände zu beheben, hat man bekanntlich die sog. Mantelgeschosse eingeführt, welche schmale, sog. Langbleigeschosse sind, die von einem Mantel aus härterem Metall (Nickel oder Stahl) umschlossen sind. Fig. 163 zeigt ein solches Geschoss, welches vollkommen unverletzt ist, obgleich dasselbe bei einem Selbstmörder den Schädel durchdrungen hatte. Dass der Schutz des Mantels kein absoluter ist, zeigen Fig. 164 bis 167 und 169, bei welchen sich verschiedene Absprengungen des Mantels und Deformationen des Bleikernes bei Projektilen finden, die auf weite Distanzen Steine, Mauern getroffen hatten, und Fig. 168, welches im Trochanter major eines zufällig Angeschossenen stecken geblieben war.

Fig. 156 – 169.

156

157

158

159

160

161

162

163

164

165

166

167

168

169

Erklärung zu Tafel 21.

Verbrennung durch Flamme.

Der Fall ist einer von denjenigen, wie sie zur Winterzeit in grossen Städten verhältnismässig häufig vorkommen. Das 2 Jahre alte Kind, welches unbeaufsichtigt in der kleinen Wohnung zurückgeblieben war, war dem Ofen zu nahe gekommen, seine Kleider hatten Feuer gefangen und so war die ausgebreitete Verbrennung erfolgt. Das Kind wurde noch lebend gefunden und starb im Wasserbett nach 4 Stunden, nachdem es bald bewusstlos geworden war.

Auch ohne diese Anamnese wäre es zweifellos gewesen, dass die Verbrennung durch Flamme geschah. Es fanden sich nämlich Verbrennungen geringeren Grades auch am Oberkörper, speziell im Gesicht und die Haare in der Stirn- und Schläfegegend, sowie die Augenbrauen und Spitzen der Augenwimpern waren deutlich versengt. Ferner waren die Haut und die Respirationsöffnungen stark verrusst, viele der verbrannten Stellen wie gebraten und schwarzbraun verfärbt und schliesslich war die Verteilung der Verbrennungen eine sehr charakteristische sog. schwimmhosenartige, welche vorzugsweise dann zu Stande kommt, wenn bei Frauen oder Kindern die Kleider am Unterkörper Feuer gefangen haben und, wie es bei den grossen Luftschichten, die zwischen ihnen und dem Körper lagern, sowie bei dem leichten Gewebe, aus welchem sie bestehen, rasch auflodern, während dies bei den dem Körper enge anliegenden und meist festeren männlichen Kleidungsstücken nicht so leicht geschehen kann, die sogar, wie man auch im vorliegenden Falle am Gürtel und entsprechend den oberhalb der Knie gelegen gewesenen Strumpfbändern sehen kann, einen gewissen Schutz gegen Verbrennung gewähren können.

Von Verbrennungsgraden kann man 4 unterscheiden 1. das Verbrennungserythem, saumartige schmale Rötungen an der den schweren Verbrennungen unmittelbar anstossenden Haut: 2. die Abhebung der Epidermis in mit blassem Serum gefüllten Blasen Brandblasen in beiden Handbeugen, als isolierte nussgrosse Blasen am Rücken des rechten Daumens und als fetzige, fast handschuhförmige Ablösung der Oberhaut der linken Hand; 3 ausgebreitete Blosslegung des Corium mit Coagulationsnekrose der oberen Cutisschichten, welche hier den grössten Teil der Verbrennungen bildet und an welcher auch die reaktive Hyperämie und Schwellung am meisten hervortritt und die, wenn die Leiche an der Luft liegen bleibt, zu lederartigen, harten, braunroten Schwarten eintrocknet; 4. wie gebratene, ausgebreitete, braune, von Rauch geschwärzte Stellen, welchen die Epidermis fest anhaftet und samt der Cutis coaguliert erscheint. Solche Stellen finden sich namentlich zwischen Nabel und Symphyse und an der Innenfläche beider Oberschenkel, somit an solchen, an welchen die Flamme besonders frühzeitig und intensiv eingewirkt haben musste. Eine Heilung wäre hier nur nach vollständiger Abstossung der wie gebratenen Cutis möglich gewesen.

Schliesslich sind noch einige Berstungen der Cutis entlang der
Leistenbeugen und der linken Genitocruralfalte zu bemerken, welche,
wie ihre rein weisse Farbe und Reaktionslosigkeit zeigt, erst postmortal
durch Streckung der betreffenden Gelenke und Berstung der spröd gewordenen Haut in den Gelenksbeugen entstanden sind.

Erklärung zu Fig. 170.

Mord oder Selbstmord durch Verbrennung.

Der Fall ist von Herrn Dr. Franz Neugebauer in Warschau
in der Intern. photogr. Monatsschrift f. Medizin und Naturwissenschaften
III., Jahrgang 1896, publiziert und mir gütigst zur Benützung überlassen
worden.

Er betrifft die Leiche eines unbekannt gebliebenen Mannes, welche
hochgradig verbrannt in Knie-Ellenbogenstellung neben einem Bahn-
geleise gefunden wurde. Die Leiche roch nach Petroleum und in ihrer
Nähe stand eine entleerte Petroleumkanne. Verletzungen wurden nicht
vorgefunden, dagegen aspirierter Russ, woraus geschlossen wurde, dass
die Verbrennung noch während des Lebens geschah. Jede Spur von
Behaarung war verschwunden, die Kleidung bis auf einen Schuh
spurlos verbrannt. Die Körperoberfläche verrusst und wie gebraten,
stellenweise geplatzt.

Offenbar geschah die Verbrennung durch Anzünden der früher
mit Petroleum begossenen Kleidungsstücke. Ob auf diese Art ein
Selbstmord oder Mord ausgeführt wurde, konnte nicht sichergestellt
werden. Ersterer ist in dieser Form schon wiederholt (speziell in
Wien) vorgekommen, ist daher nicht ausgeschlossen. Dr. Neugebauer
hält Mord für wahrscheinlicher und meint, dass der Betreffende früher
berauscht worden sein konnte, woraus sich der Abgang jeglicher Verletzungen, Strangulationsspuren u. dgl. erklären würde. Ob Alkohol-
geruch im Magen nachzuweisen war, wird nicht angegeben.

Die eigentümliche Stellung ist, wie auch Dr. N. meint, wahrscheinlich erst nach dem Tode durch die Brandschrumpfung der Haut
und der Muskulatur zu Stande gekommen, durch welche der anfangs
flach ausgestreckt gewesene Körper gehoben wurde. Ähnlich abnorme
Stellungen wurden bei Verbrannten oft beobachtet, so z. B. bei den
Opfern des Ringtheaterbrandes und des Brandes der Opéra comique
und waren schon Devergie bekannt, der sie als Fechterstellungen»
bezeichnete.

Fig. 170.

Fig. 171.

Erklärung zu Figur 171.

Rechter Oberarm und Schulterblatt samt Muskulatur einer verkohlten Leiche.

Aus dem Brandschutte eines sog. Heustadels wurden die verkohlten Reste der Leiche eines etwa 50jährigen, unbekannten Mannes herausgezogen, der sich wahrscheinlich im Heu verkrochen und letzteres beim Rauchen angezündet hatte.

Die Abbildung zeigt den nur wenig angesengten, rechten Oberarmknochen und das damit in Gelenksverbindung stehende Schulterblatt mit der oberflächlich verkohlten, sonst aber gebratenen Oberarm- und Schultermuskulatur, die Haut fehlt. Die Muskeln sind von den peripheren Ansatzstellen am Schulterblatt, sowie vom unteren Ende des Humerus vollständig abgelöst und gegen das Schultergelenk stark retrahiert, woselbst sie in Form dicker Wülste vortreten. An den peripheren Enden der retrahierten Muskeln sind die vom Knochen abgelösten Sehnen, speziell die Biceps-Sehne gut erkennbar, welche in eine leimartige Substanz verwandelt sind und deren Insertionsende vom Knochen glatt abgelöst und weit hinauf retrahiert ist, so dass die untere Hälfte des Oberarmknochens völlig blossliegt.

Diese Retraktion und schliessliche Abreissung der Muskulatur ist ein bei halbverkohlten Leichen gewöhnlicher Prozess, der einesteils auf der Schrumpfung der bratenden Muskulatur, anderseits auf der Umwandlung der Sehnen in Leimsubstanz und konsekutive Abreissung derselben beruht und insoferne eine gerichtsärztliche Bedeutung besitzt als durch die Schrumpfung Irrungen in der Bestimmung des Alters resp. Ernährungszustandes veranlasst werden könnten und als in einer solchen Retraktion vielleicht irrigerweise der Beweis erblickt werden konnte, dass das Individuum noch während des Lebens den Flammen ausgesetzt worden war.

Erklärung zu Fig. 172.

Ausgeheilte Verbrühung der Speiseröhre.

Das hier abgebildete Präparat ergab sich bei der Sektion eines 8 Wochen alten, herabgekommenen Findelkindes, welches an beiderseitiger, lobulärer Lungenentzündung gestorben war.

Der Oesophagus ist in seiner unteren Hälfte auf das 3 fache erweitert. Die intakte Schleimhaut des Schlundes setzt am Oesophagus-Eingang mit überhängenden, abgerundeten, blassen Rändern quer ab und übergeht in der Mitte in eine wie aus derben Fäden bestehende und daher einem gestrickten Gewebe ähnliche weisse Narbe, welche an der Vorderwand der Speiseröhre bis in deren unteres Drittel herabzieht und in ihrem unteren Anteil brückenartig sich abheben lässt. Die übrige Oesophagus-Innenfläche wird von glatt abgeheilter Muskulatur gebildet und die Schleimhaut beginnt erst nahe der Cardia, wo sie nach oben quer mit abgerundeten Rändern abgesetzt ist. Die Magenschleimhaut war unverändert.

Der Befund wurde anfangs für die Folge einer stattgehabten Verätzung mit Natronlauge u. dgl. gehalten. Die in dieser Richtung angestellten Recherchen ergaben in dieser Beziehung keinen Anhaltspunkt. Dagegen wurde zugegeben, dass dem Kinde in den ersten Tagen seines Lebens allzuheisser Thee eingeflösst worden sein konnte, dass somit der Befund von einer Verbrühung herrühre, wofür auch die ‹gestrickte› Beschaffenheit der Narben sprach, die ich bisher nach Verätzungen niemals, wohl aber wiederholt nach Brandwunden beobachtet habe.

Fig. 172.

Erklärung zu Tafel 22.

Selbstmord durch Erhängen. Mehrtägiges Hängen der Leiche. Eigentümliche Verteilung der Hypostasen.

Leiche eines unbekannten, etwa 60jährigen Mannes, welche am 30. Oktober 1896 im Dornbacher Walde an einem Baume freihängend gefunden wurde.

Die brünette Haut ist durch begonnene Imbibition mit blutigem Serum bereits schmutzig violett gefärbt, im Gesichte, am Hals und am Oberkörper bis etwa in die Gürtelgegend herab blass, von da an in nach abwärts zunehmendem Grade schmutzig violett, welche Verfärbung an den Füssen die dunkelste Nuance erreicht. Die Verfärbung ist diffus und lässt nur hie und da verwaschene, punktförmige, rötliche Sprenkelungen erkennen, die wegen ihrer Kleinheit auf dem Bilde nicht sichtbar sind und durch kleinste Ecchymosen gebildet werden. Eine gleiche Verfärbung macht sich an den herabhängenden Armen bemerkbar, indem die an den Oberarmen noch blasse Haut nach abwärts immer livider sich färbt, so dass schliesslich die Hände und Finger am meisten schmutzig violett erscheinen.

Diese beiderseits symmetrisch verteilte Hautfärbung ist dadurch entstanden, dass infolge der durch längere Zeit andauernden perpendikulären Stellung der Leiche, die äusseren Hypostasen sog. Totenflecke) sich nicht wie gewöhnlich an der Hinterfläche des Körpers, sondern an den unteren Körperpartien gebildet haben.

Eine solche Verteilung der Totenflecke beweist, wenn sie bei hängend Gefundenen sich ergiebt, zunächst keineswegs, dass der Betreffende wirklich durch Erhängen gestorben ist, da sich dieselbe auch dann entwickelt, wenn jemand erst als Leiche aufgehängt worden ist, sondern sie beweist nur, dass die Leiche längere Zeit gehangen ist, wobei sich aus dem Grade der Entwicklung dieser Erscheinung im Zusammenhalt mit den übrigen Befunden annäherungsweise schliessen lässt, wie lange der Körper gehangen haben mag.

Im vorliegenden Falle war trotz der bereits kühlen Temperatur im Freien der Bauch schon faulgrün, ausserdem war die blutig-seröse Imbibition sowohl der hypostatisch verfärbten als der übrigen Haut bereits schon merklich vorgeschritten, auch waren die Augenhöhlen schon tief eingesunken und die Augäpfel schlaff, so dass geschlossen wurde, dass der Körper beiläufig eine Woche, jedenfalls aber mehrere Tage gehangen haben musste.

Zweifel bezüglich des Selbstmordes durch Erhängen ergaben sich nicht, da ausser der zwischen Kehlkopf und Zungenbein um den Vorderhals verlaufenden, beiderseits symmetrisch hinter den Warzenfortsätzen zum Nacken aufsteigenden, um im Haarwuchs sich verlierenden lederartig vertrocknete, von einem 1 cm dicken alten Strick Zugstrang)

herrührenden Strangfurche weder äusserlich noch innerlich eine Verletzung. insbesondere keine Spur einer fremden Gewalteinwirkung nachgewiesen werden konnte.

Rechts am Halse in dessen unterer Partie fanden sich allerdings
drei parallel mit dem Schlüsselbein gestellte, bräunlich vertrocknete,
unregelmässig linear verlaufende Stellen. die jedoch nur die oberen
Hautschichten betrafen. mit keiner tieferen Verletzung verbunden waren
und keine Spuren von Reaktionserscheinungen darboten, demnach
ganz wohl erst postmortal entstanden sein konnten.

Auffällige Stauungserscheinungen im Gesicht oder Ecchymosierungen
daselbst fanden sich nicht, was sich aus der symmetrischen Lagerung
des Stranges und der dadurch veranlassten plötzlichen und gleich-
mässigen Kompression sämtlicher Gefässe des Vorderhalses vollkommen
erklärt.

<hr>

Erklärung zu Fig. 173 und 174.

<hr>

Lagerung der Schlinge bei Erhängten.

In Fig. 173 ist ein Fall von typischer Lagerung der Schlinge dargestellt. Der Strang verläuft zwischen Kehlkopf und Zungenbein um
den Vorderhals und steigt beiderseits unter und hinter den Warzenfortsätzen zum Nacken auf. wo er sich an der Haarwuchsgrenze etwas
nach links von der Mittellinie vereinigt. Der Kopf ist nach vorn
geneigt und infolgedessen das Kinn der Brust genähert.

In Fig. 174 sehen wir den nächst dem typischen Erhängen
häufigsten Fall von Lagerung des Schlingenknotens nämlich den hinter
dem und zwar hier linken Ohre. Der Kopf ist nach rechts und vorn
geneigt, die Strangfurche an der rechten vorderen Halsseite am meisten
ausgeprägt.

<hr>

Fig. 173.

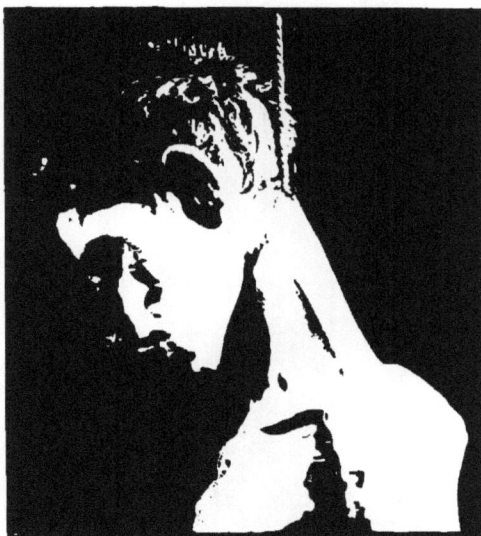

Fig. 174.

Fig. 175.

Fig. 176.

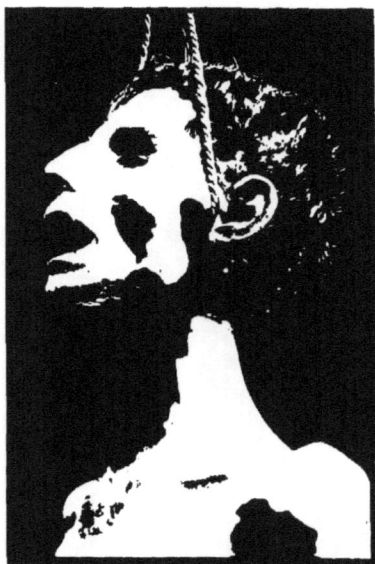

Erklärung zu Fig. 175 und 176.

Schlingenanlegung bei Erhängten.

In Fig. 175 liegt der Knoten zwischen dem linken Ohre und dem linken Unterkieferwinkel. Das Ende des Stranges zieht zwischen beiden nach oben. Der Kopf ist direkt nach rechts geneigt und die Strangfurche an der rechten Halsseite am meisten ausgebildet.

In Fig. 176 sehen wir einen ganz abnormen, jedoch bereits wiederholt beobachteten Verlauf des Stranges. Derselbe ist zunächst um den Nacken gelegt, horizontal nach vorn geführt worden, woselbst seine Enden gekreuzt wurden und jederseits hinter dem Unterkieferwinkel zum Suspensionspunkte aufsteigen. Der Hals ist stark gestreckt, entsprechend dem horizontalen Verlauf der Schlinge stark und fast gleichmässig zusammengeschnürt, so dass die Falten der darunter liegenden Halshaut des sehr mageren Individuums strahlenförmig zu der Zusammenschnürung hin verlaufen. Der Kopf steht gerade und ist durch die hinter den Unterkieferwinkeln senkrecht hinaufsteigenden Teile des Strickes festgeklemmt.

Erklärung zu Fig. 177.

Abnorme Schlingenlagerung beim Erhängen.

Die Tafel zeigt den nicht seltenen Fall, wo die Schlinge in einer dem typischen Verlauf ganz entgegengesetzten Weise angelegt ist, indem der Knoten vorn am Halse sich befindet, während der übrige Teil der Schlinge den Nacken umkreist, wo auch die Strangfurche am meisten ausgeprägt ist und dann nach vorn unter den Unterkieferwinkeln auf-steigend, dem Mundboden entsprechend zwischen Kehlkopf und Kinn zusammenläuft, von wo der Strick nun über das Kinn hinweg senk-recht zum Suspensionspunkte zieht. Der Kopf ist stark nach rückwärts gebeugt und der Vorderhals beträchtlich gestreckt und unterhalb des Unterkiefers beiderseits seitlich stark eingeschnürt, woraus sich begreift, dass auch bei diesem Verlauf des Stranges sowohl die Luftwege, als die grossen Gefässe am Halse bis zur Undurchgängigkeit komprimiert werden können.

Fig. 177.

Selbstmord durch Erhängen mit einem doppelt genommenen Strick. Asymmetrische Lagerung des Strangwerkzeuges.

Der Fall betrifft einen 38 Jahre alten Tischler, der sich selbst erhängt hatte und zu Übungszwecken eingeliefert worden war.

Das Gesicht ist auffallend cyanotisch und zeigt zahlreiche, punktförmige Ecchymosen in der Haut der Augenlider und deren Umgebung und vereinzelte kleinste auch in der übrigen Gesichtshaut. Grössere, bis hanfkorngrosse, fanden sich auch in den stark injicierten Bindehäuten und in der Schleimhaut der Lippen.

Die Strangfurche liegt asymmetrisch, indem sie die rechte Seite des Halses umkreist und dann in beiden Schenkeln aufsteigend hinter dem linken Unterkieferwinkel zu einem unvollständig ausgebildeten, nach unten offenen Winkel sich vereinigt. Infolgedessen ist der Kopf etwas nach rechts geneigt und die Strangfurche rechts am meisten ausgeprägt, während sie im aufsteigenden Teil sich allmählig verliert.

Die Strangfurche ist, wie besonders rechts zu erkennen ist, eine doppelte, indem sie aus zwei parallelrandigen und zu einander parallel verlaufenden, rinnenförmigen Furchen besteht, von denen jede die Breite eines gewöhnlichen Strickes Rebschnur besitzt und die von einander durch eine schmale, mit den Haupträndern gleich verlaufende, kammartige Hautleiste getrennt sind. Der Grund der Furchen ist blass und liess Spuren von Eindrücken der Strickwindungen erkennen. Die Ränder der Furchen, sowie die erwähnte Zwischenleiste sind auffallend rot und liessen sowohl makroskopisch als bei der Untersuchung mit der Loupe eine starke, fast gleichmässige Injektion der Hautgefässe und zahlreiche kleinste Ecchymosen erkennen.

Dieser Befund, der sich aus der Einklemmung der betreffenden Hautpartien durch den Doppelstrang und aus der Eintreibung des in den Gefässen enthaltenen Blutes in die eingeklemmten Hautpartien erklärt, hat in dieser starken Ausbildung insoferne einen diagnostischen Wert, als er beweist, dass die Suspension thatsächlich während des Lebens geschah, im vorliegenden Falle um so mehr als von einer vor Anlegung des Stranges bestandenen hypostatischen Hyperämie nicht die Rede sein kann und auch für die etwaige Annahme, dass die hochgradige Cyanose und Ecchymosenbildung im Gesichte und am Hals schon vor der Suspension infolge einer anderen Art des Erstickungstodes vorhanden war, kein Grund vorliegt.

Der Grund, warum es im vorliegenden Falle zu einer so starken Cyanose gekommen ist, während bei Erhängten das Gesicht in der Regel nur die gewöhnliche Leichenblässe zeigt, liegt eben in der asymmetrischen Lagerung des Stranges, infolge welcher nicht, wie beim typischen Erhängen, alle Gefässe des Vorderhalses, sondern nur die an der rechten Halsseite komprimiert wurden, was natürlich zu einer bedeutenden Blutstauung führen musste.

Erklärung zu Tafel 24.

Selbstmord durch Erhängen mit einem 5fach genommenen alten Strick.

Am Vorderhalse zwischen Kehlkopf und Zungenbein sind fünf Strangfurchen zu erkennen, von denen zwei obere teils dicht bei einander liegen und einen geröteten Kamm zwischen sich lassen, teils einander decken, während die zwei unteren spitzwinklige bis 1 cm breite Hautwülste zwischen sich lassen, welche durch die Stricktouren wie eingeklemmt, an den Randpartien stark injiciert und mit winzigen Ecchymosen durchsetzt sind. Beide Hautwülste sind durch eine vierte Strangfurche getrennt, welche unter der rechten Hälfte der oberen hervorkommt und schief zur linken Hälfte der untersten verläuft, unter welcher sie sich verliert. Diese schiefe Furche ist etwas breiter als die übrigen und lässt entlang der Mitte ihres Grundes eine schmale gerötete Leiste erkennen. Sie ist somit ebenfalls eine Doppelfurche.

Das Gesicht und der Hals der Leiche zeigen keine auffallende Cyanose, auch waren weder in der Haut noch in den sichtbaren Schleimhäuten Ecchymosen zu bemerken und man wäre unter diesen Umständen berechtigt gewesen aus der starken Injektion und Ecchymosirung der Hautleisten resp. Hautwülste zwischen den mehrfachen Strangtouren darauf zu schliessen, dass der Untersuchte noch lebend an den Strang gekommen ist.

———

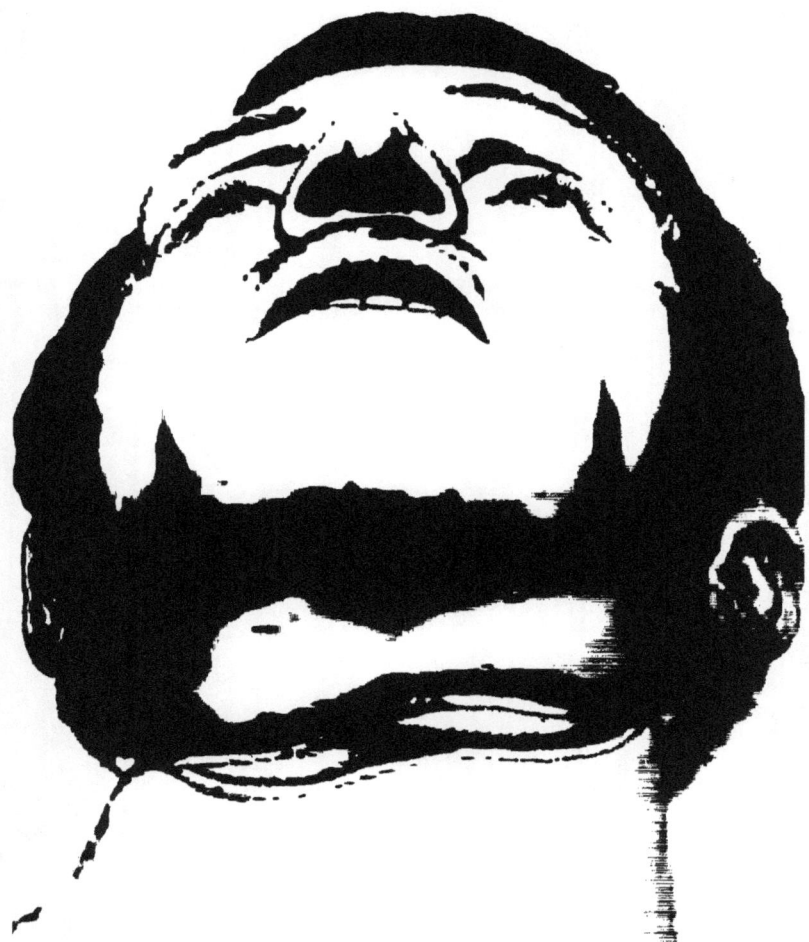

Fig. 178.

Selbstmord durch Erhängen in knieender Stellung.

Die Abbildung des Falles wurde mir von Herrn Dr. Vucetic in Slavonien eingeschickt und betrifft einen Epileptiker, der sich im Tobsuchtsanfalle in seiner Zelle an der Thürangel erhängt hatte. Das Strangulationsband ist ein abgerissener Kleiderfetzen, welcher symmetrisch um den Vorderhals verläuft und dessen Knoten sich in der Mittellinie des Nackens befindet. Der Kopf ist stark nach vorn gebeugt. Die Leiche kniet vollkommen am Boden, wenigstens ist kein Abstand zwischen diesem und den Knieen zu bemerken; doch ist der Strang am Halse stark gespannt. Die Hände sind über den Schoss gelegt.

Erklärung zu Fig. 179 und 180.

Fig. 179. Selbstmord durch Erhängen in halbsitzender Stellung.

Der Betreffende wurde im Freien hängend und tot gefunden. Der starke, eine laufende Schlinge bildende Strick war um eine senkrecht im Boden steckende dicke Wäschestange geschlungen. Der Knoten der Schlinge lag vorn am Halse, von wo das eine Ende der Schlinge über das Kinn hinweg nach oben zog. Der Kopf war stark nach hinten gebeugt. Das Gesäss war etwa 30 cm vom Boden entfernt, die Füsse ausgestreckt und etwas auseinander gespreizt, die Fersen den Boden berührend. Die abnorme Stellung ist einesteils infolge der Länge des Strickes, anderseits aber wahrscheinlich? auch dadurch zu Stande gekommen, dass, als die Schwere des Körpers zur Wirkung kam, der um die Stange geschlungene Strick an dieser etwas herabrutschte.

Fig. 180. Selbsterhängen in liegender Stellung.

(Nach Bollinger.)

Der von O. Bollinger in München in Friedreichs Blättern für gerichtliche Medizin 1889 Heft 1 publizierte und mir gütigst für diesen Atlas überlassene Fall betrifft einen geisteskranken und rückenmarksleidenden Patienten, der sich mittelst seines zu einer langen Schlinge zusammengedrehten Spitalschlafrockes, die er am Bettpfosten befestigt hatte, erhängt hatte. Die Schlinge war gerade so lang, dass der Patient, wenn er dieselbe etwas von der Schmalseite des Bettes abzog, seinen Kopf zwischen diese und den unteren Bettrand durchstecken konnte, worauf, wenn er die Schwere des Körpers wirken liess, teils durch diese, teils die Kompression des Halses zwischen Schlinge und Bettrand die Strangulation erfolgte.

Fig. 179.

Fig. 180.

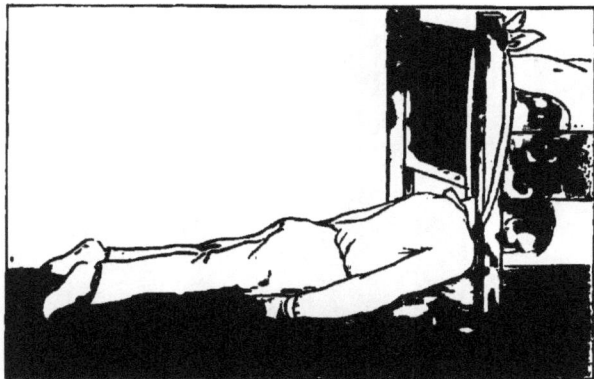

Fig. 181.

Fig. 182.

Erklärung zu Fig. 181, 182 und 183.

Fig. 181. Fraktur der Kehlkopf- und Zungenbeinhörner bei einem Erhängten.

Kehlkopf von einem 43 jährigen Manne, der sich in typischer Weise erhängt hatte. Der Strang, resp. die Strangfurche verlief wie gewöhnlich zwischen Kehlkopf und Zungenbein. Die Hörner des letzteren sind beiderseits nicht weit von der Spitze gebrochen und die abgebrochenen Enden sind nach abwärts geknickt. Der Kehlkopfkörper ist unverletzt, dagegen sind die oberen Schildknorpelhörner, das linke an der Basis, das rechte etwas über dieser gebrochen und ebenfalls nach abwärts geknickt.

Fig. 182. Beiderseitige Ruptur des Sternocleidomastoideus bei einem Erhängten

zeigt die Weichteile des Vorderhalses und den Kehlkopf eines älteren Mannes, der erhängt gefunden wurde. Der Körper war muskulös und gross und befand sich in voller Totenstarre. Der Kehlkopf war verknöchert und stark prominierend und die von einem Strick herrührende Strangfurche lag unterhalb des Adamsapfels und war stark rinnenförmig vertieft.

Beide Kopfnicker waren in der Höhe des Ligamentum cricothyreoideum von vorn nach hinten quer eingerissen, wobei Teile der Muskelscheide und einzelne Muskelfasern sich erhalten hatten, einzelne Muskelgefässe waren durchrissen und entleerten etwas flüssigen, leicht abspülbaren Blutes. Sonst waren die Muskelstümpfe blass, ohne Spur einer Suffussion. Von einer Muskelruptur zur anderen war quer über das Ligamentum conicum hinweg ein furchenartiger, offenbar vom Strange herrührender Eindruck zu bemerken. Der Kehlkopf selbst war unverletzt.

Offenbar handelte es sich demnach um postmortale Muskelrupturen, die an der abgenommenen Leiche beim Strecken des totenstarren Halses an den vom Strang eingeschnürten Stellen der Kopfnicker zu Stande gekommen waren.

Fig. 183. Fraktur des Schild- und Ringknorpels bei einem Erhängten.

Der betreffende etwa 50 Jahre alte Mann hatte sich mit einem breiten Riemen in der Weise erhängt, dass letzterer auf den unteren Teil des stark vorspringenden Adamsapfels und das Ligamentum cricothyreoideum zu liegen kam. Infolgedessen ist sowohl eine Fraktur des Schildknorpels als eine Doppelfraktur der vorderen Spange des Ringknorpels zu Stande gekommen und zwar erstere entlang der vorderen Kehlkopfkante durch die Kompression des Kehlkopfes von vorn nach hinten und die konsekutive Abflachung des Schildknorpelwinkels und Auseinandertreibung der Schildknorpelplatten, der Doppelbruch des Ringknorpels dadurch, dass durch den dem Ligamentum crico-thyreoideum aufliegenden Teil des Riemens, letzteres nach einwärts gezerrt und durch den Zug das Mittelstück der vorderen Ringknorpelspange herausgebrochen worden ist.

Erklärung zu Fig. 184 und 185.

Fig. 184. Selbsterdrosslung.

Nach Bollinger.

In eigentümlicher Art hat ein von Bollinger (Friedreichs Blätter für ger. Med. 1889, Heft 1) obduzierter Geisteskranker seinem Leben durch Erdrosslung ein Ende gemacht. Man fand, wie die mir von Herrn Professor Bollinger gütigst überlassene Abbildung zeigt, die Leiche fast auf dem Rücken liegend, den rechten Fuss am Bettfuss angestemmt. Um den Hals lag eine aus einem entzwei gerissenen Bettuch hergestellte Ziehschlinge, deren Enden am vorderen Bettfuss befestigt waren. Durch das Anstemmen des Fusses gegen den hinteren Bettfuss hatte der Kranke die Schlinge fest angezogen und so die Erdrosslung bewirkt.

Fig. 185. Neugeborenes, durch Halsdurchschneidung und Erdrosseln getötetes Kind.

Am 23. Januar 1892 wurde auf der Strasse zwischen zwei Haufen Pflastersteinen die in Fetzen eingewickelte Leiche eines unreifen neugeborenen Kindes gefunden.

Die Leiche war bereits stark faul, teils grünlich missfärbig, teils wie ausgewässert, matsch und schmierig feucht, mit teils abgegangener, teils in grossen Fetzen abstreifbarer Epidermis, übelriechend.

Der Hals ist unterhalb seiner Mitte durch ein in doppelter Tour umgelegtes und rechts neben der Mittellinie des Vorderhalses zu einem Knoten und einer Schleife festgebundenes, 3 mm breites graues Bändchen (Börtel) stark zugeschnürt und dadurch verschmälert. Die zwischen den Touren gelegene Haut an der linken Seite zu einem 1 cm und an der rechten Seite zu einem 2 cm breiten, spindelförmigen Wulst vorgewölbt. Die vorgetriebene Haut ist von der Oberhaut entblösst, schmutzig blass-violett. Das Band ist 53½ cm lang und die Schleifenenden hängen tief über die Brust herab. Demselben entsprechend am Halse zwei ebenso breite, blasse, parallelrandig stark vertiefte Furchen, welche sich zu beiden Seiten des Halses kreuzen.

Fig. 183.

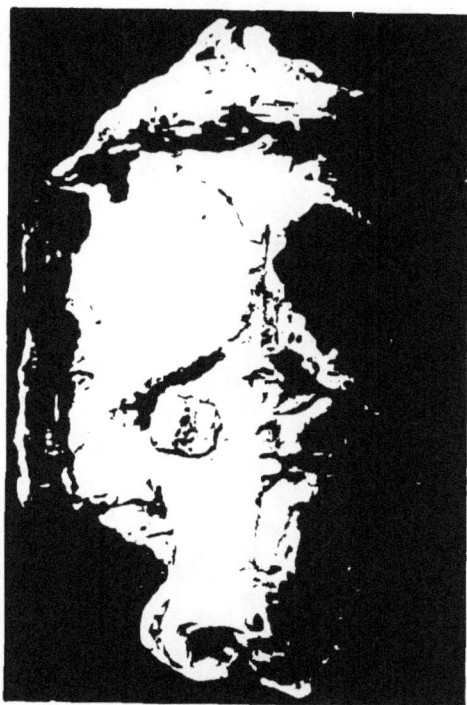

Fig. 184.

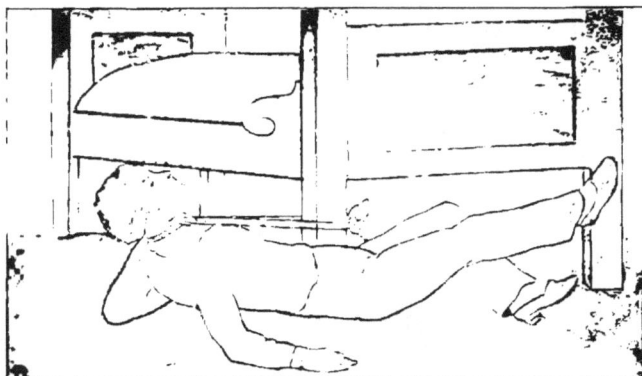

Fig. 185.

Tab. 25.

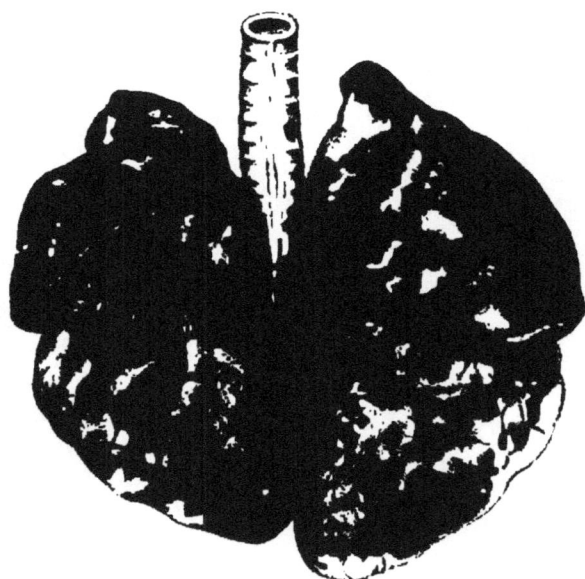

Ausserdem findet sich am Halse, teilweise vom Strange bedeckt, eine flach bogenförmige, mit der Konvexität nach rechts gekehrte Trennung der Haut, mit ziemlich scharfen, durch die Fäulnis erweichten Rändern, welche, unter dem linken Unterkieferwinkel spitzwinklig beginnend, schief nach rechts und unten über den Vorderhals hinwegzieht und $1^1/2$ Querfinger über der Mitte des rechten Schlüsselbeines spitzwinklig endet, bis zur blossgelegten Halswirbelsäule vordringt und auf diesem Wege die vordere Halsmuskulatur, sowie die Luft- und Speiseröhre unmittelbar unter dem Kehlkopfe mit scharfen Rändern durchtrennt. Eine Verletzung der grossen Halsschlagadern ist nicht nachweisbar, dagegen scheint die rechte Drosselvene verletzt zu sein, was sich jedoch wegen der grossen Erweichung der Gewebe nicht mehr deutlich erkennen lässt. Blutaustritte sind in dieser Wunde nicht zu bemerken und erscheinen alle ihre Teile wie ausgewässert. Oberhalb dieser Wunde in Distanz von $1/2$ cm und mit ihr fast parallel verläuft eine zweite, ebenfalls scharfrandige, 4,5 cm lange Trennung der Haut, welche jedoch bloss ins Unterhautzellgewebe dringt und ebenfalls ausgewässert und ohne Blutaustritte sich präsentiert.

Die übrige Untersuchung ergab weit vorgerückte Fäulnis mit Schwimmfähigkeit fast sämtlicher Organe und allgemeine Anämie. An den Lungen liessen sich ausser zahlreichen, unregelmässig grossen Luftblasen unter der Pleura noch ausgedehnte Partien erkennen, in welchen die Lungenbläschen erhalten und gleichmässig mit Luft gefüllt waren.

Obgleich Symptome vitaler Reaktion nicht vorgefunden wurden, was sich aus der weit vorgerückten Fäulnis ungezwungen erklärt, und obgleich die Anämie teilweise auch bloss durch die Fäulnis und die Auswässerung der Leiche entstanden sein konnte, so war es doch klar, dass das Kind durch Durchschneiden des Halses zu töten versucht und, weil es nicht gleich starb, nachträglich erdrosselt wurde, da beide Gewalteinwirkungen überflüssig gewesen wären, wenn das Kind bereits früher tot gewesen wäre, und ebenso das Erdrosseln, wenn schon das Halsdurchschneiden den Tod bewirkt hätte.

Erklärung zu Tafel 25.

Lungen von einem ertrunkenen Hund.

Der unmittelbare Nachweis der Ertränkungsflüssigkeit und ihrer Verteilung gelingt bei ertrunkenen Menschen nur selten, da das Ertrinken meist im Wasser geschieht und dieses in den Lungen sich nicht wesentlich von anderen wässerigen Flüssigkeiten, insbesondere nicht von Ödemflüssigkeit unterscheiden lässt. Besser ist man daran, wenn das Ertrinken in Abortsjauche oder anderen korpuskuläre Elemente enthaltenden Flüssigkeiten geschah, weil man letztere mitunter weit in die feinsten Bronchien und selbst bis in die Alveolen hinein makroskopisch und mikroskopisch verfolgen kann. Die anschaulichsten Bilder jedoch erhält man, wenn das Ertrinken in einer wässerigen farbigen Lösung geschah und die Sektion rasch, d. h. bevor Imbibitionserscheinungen eingedrungen sind, vorgenommen worden ist.

Solche Vorkommnisse gehören beim Menschen zu den grössten Seltenheiten. Dagegen ist man leicht in der Lage, derartige Flüssigkeiten bei Ertränkungen von Tieren in Anwendung zu bringen und so ohne Weiteres die Art und Weise zu studieren, in welcher sich bei Ertrunkenen die Ertränkungsflüssigkeit in den betreffenden Lungen verteilt und Tafel 25 giebt davon ein instruktives Beispiel.

Zunächst kann man bei solchen Versuchen konstatieren, dass die Ertränkungsflüssigkeit immer eindringt und zwar weniger gleich mit den ersten Inspirationen, weil sie durch die reflektorischen Exspirationsstösse zum grossen Teil wieder ausgetrieben wird, als vielmehr durch die bereits im bewusstlosen Zustand erfolgenden Inspirationen, insbesondere durch die sog. « termineelen Atembewegungen », welche eintreten, nachdem bereits der Sturm der Erstickungserscheinungen vorüber und bereits Asphyxie eingetreten ist.

Je gesünder und kräftiger das Versuchstier war, desto grösser ist die Menge der aspirierten Flüssigkeit, dagegen sehen wir bei sehr herabgekommenen oder geschwächten nur wenig davon in die Lungen gelangen.

A priori ist zu erwarten, dass selbst im günstigsten Falle sich die Lungen nicht vollständig mit der aspirierten Flüssigkeit füllen werden, da ja ein Teil der Luft in den Lungen zurückbleibt, darin abgesperrt wird und das weitere Eindringen von Flüssigkeit hindert. So sehen wir denn in allen Fällen sowohl an der Ober- als Schnittfläche, immer nur eine Marmorierung zu Stande kommen, die vielfache Nuancen und Uebergänge darbietet und in welcher die dunkelsten Stellen am meisten, die weniger hellen weniger und die ganz ungefärbten gar keine oder nur Spuren der betreffenden Flüssigkeit enthalten.

Auch in den ganz dunklen Stellen kann man bei genauerer Besichtigung, besonders mit der Lupe, Gruppen lufthältiger Lungenbläschen konstatieren, dazwischen aber allerdings häufig auch solche, die durch Berstung von Alveolen in das interstitielle Gewebe hineingeraten sind. Auf diese Weise können auch interstitielle Extravasate der Ertränkungsflüssigkeit zu Stande kommen.

Die Verteilung der Submersionsflüssigkeit auf die einzelnen Lungen und Lungenteile ist nicht ganz konstant. Im allgemeinen scheint die rechte Lunge mehr zu aspirieren, ebenso die Unterlappen mehr als die Oberlappen und die peripher gelegenen, insbesondere die Randpartien weniger als die, welche den mittleren Partien der Lunge entsprechen.

Durch die Ausfüllung grosser Partien des Lungengewebes mit Flüssigkeit, sowie, wie es scheint häufig, infolge des Eindringens derselben in die interstitiellen Gewebe, wird der Collaps der Lungen verhindert und es kommt zu jener Blähung der Lunge, auf deren diagnostischen Wert schon seit jeher ein grosses Gewicht gelegt und das als die ballonartige Auftreibung der Lunge bezeichnet wird.

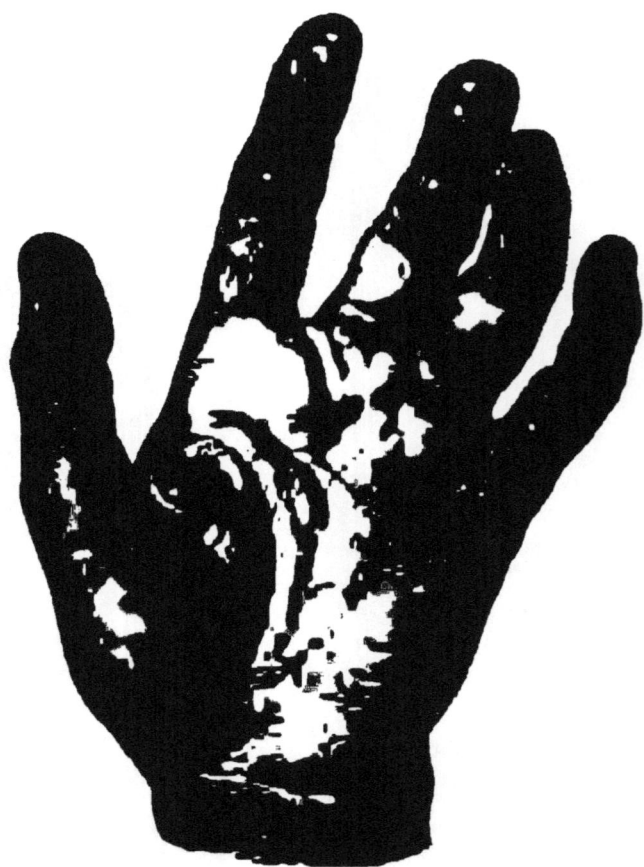

Erklärung zu Tafel 26.

Linke Hand eines ertrunkenen Handarbeiters, welcher durch 24 Stunden im Wasser gelegen ist.

Die Epidermis der Fingerspitzen resp. der Endglieder der Finger zeigt bereits deutliche, durch Wasserimbibition veranlasste Veränderungen. Sie ist ausgebleicht, gequollen und stärker gerunzelt. Die sonstige Epidermis ist, wie bei Handarbeitern gewöhnlich, verdickt, zum Teile schwielig, doch nicht weiter verändert.

Wäre die Leiche 2—4 Tage im Wasser gelegen, so wären auch an der Epidermis der Hohlhand, entsprechend den Ballen derselben, ähnliche Veränderungen eingetreten, wie an den Fingerbeeren, welche sich im Laufe der weiteren Tage über die ganze Innenfläche der Hand ausgebreitet hätten.

———————

Erklärung zu Tafel 27.

Die linke Hand eines Ertrunkenen nach mehrwöchentlichem Liegen im strömenden Wasser.

Seziert am 23. Februar 1884. Die Oberhaut stark gequellen, gerunzelt und ausgewässert, in handschuhförmiger Ablösung begriffen; am Zeigefinger samt dem Nagel noch haftend. An den übrigen Fingern sind die Nägel samt der Epidermis abgegangen und weggeschwemmt worden.

Die so blossgelegten Partien bieten das Aussehen einer zarten und wohlgepflegten Hand und können, wenn die grobe Epidermis samt den Nägeln überall abgegangen ist, umsomehr zu Irrungen bezüglich des Standes und der Beschäftigung eines unbekannten Individuums führen, als die Nagelbetten eine täuschende Ähnlichkeit mit noch vorhandenen und wohlgepflegten Nägeln besitzen.

Ein einigermassen ähnliches Aussehen kann auch zu Stande kommen, wenn durch Fäulnis oder durch Verbrühung oder Verbrennung die Oberhaut samt den Nägeln handschuhförmig abgelöst worden ist.

Erklärung zu Tafel 28.

Algenpilzbildung an Wasserleichen.

Leichen, die längere Zeit im Wasser gelegen sind, zeigen gewöhnlich an den von Kleidungsstücken nicht bedeckten Stellen einen mehr weniger starken, schmierigen Überzug, welcher gewöhnlich für Schlamm gehalten wird. Bei näherer Untersuchung ergiebt sich jedoch, dass dieser Überzug aus Algenpilzen besteht, welche in die Klasse der Phycomyceten gehören, sich frühzeitig an der Leiche entwickeln, rasch wachsen und in wenigen Wochen die betreffenden Körperteile und bei nackten Leichen den ganzen Körper überwuchern können und, indem sie nach dem Herausziehen aus dem Wasser collabieren, Schlamm vortäuschen können.

Tafel 28 demonstriert die ersten Stadien dieses Vorganges. Sie betrifft die Leiche eines reifen, neugeborenen Kindes, welche 14 Tage im fliessenden Wasser gelegen und unter Wasser liegend aufgenommen ist. Die Leiche ist etwas ausgewässert und durch die Kälte des Wassers leicht gerötet. Der ganze Körper ist mit einem 1—1,5 cm langen, aus farblosen, dichtgedrängt stehenden, im Wasser flottierenden Fäden bestehenden Algenrasen besetzt, welcher namentlich an den Konturen des Körpers stärker hervortritt und stellenweise, z. B. in der Kniebeuge, an den Händen und an den Füssen in Form von Ballen stärker entwickelt ist und dadurch die Umrisse der betreffenden Teile verdeckt. Beim Herausheben der Leiche aus dem Wasser collabiert der Algenrasen und bildet einen wie nasse Watte aussehenden Überzug.

Erklärung zu Tafel 29.

Tafel 29 stellt dasselbe Kind nach 4 wöchentlichem Liegen in demselben Wasser dar. Dasselbe ist nun überall in einen dichten Pelz von Algen eingehüllt, so dass kaum die allgemeinen Formen des Körpers zu erkennen sind. Der Algenrasen ist nicht bloss stärker und dichter und die Algenfäden länger, sondern auch missfärbiger geworden, was sich einesteils aus dem Verwelken zahlreicher Algenpartien, anderseits aus verschiedenen Niederschlägen, insbesondere von dem aus den eisernen Zuflussröhren herrührenden Eisenoxydhydrat erklärt, während bei im Flusswasser liegenden Leichen sich auch diverser Schmutz ablagert, der dann, wenn die Leiche aus dem Wasser gezogen wird und der Algenrasen collabiert, dem ganzen Überzug noch mehr das Aussehen von gewöhnlichem Schlamm verleiht.

Der Grad dieser Algenrasenbildung kann wenigstens in den ersten Wochen ganz gut für die Beantwortung der Frage verwertet werden, wie lange die Leiche im Wasser gelegen ist, und man ist insbesondere dann berechtigt, auf ein bloss wenige (höchstens 6—7) Tage dauerndes Liegen zu schliessen, wenn noch gar keine Algenbildung gefunden wird. Im Winter erfolgt letztere etwas langsamer, kommt aber selbst im Wasser von $+$ 8 Grad C. und selbst darunter zu Stande.

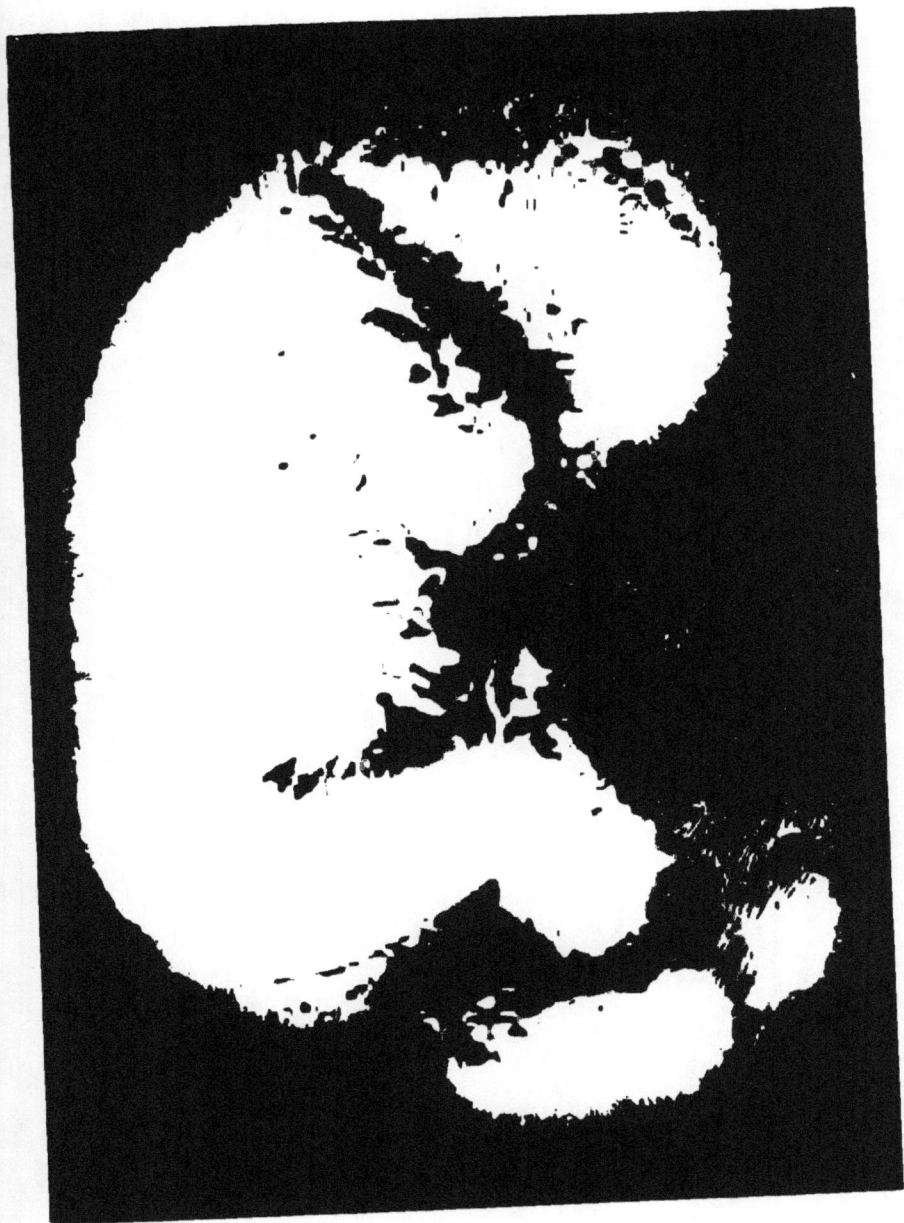

Erklärung zu Tafel 30.

Die Ätzgifte werden bekanntlich je nach der Art, wie sie an der Applikationsstelle die organischen Gewebe zerstören d. h. verätzen oder verschorfen, in 2 Hauptkategorien eingeteilt: in eine, deren Glieder die Verschorfung durch Koagulation der Eiweisskörper bewirken und in solche, welche dies durch Lösung, Quellung und Erweichung thun. Zu ersteren gehören die mineralischen Säuren, ferner die Carbolsäure, die Oxalsäure und die metallischen Ätzgifte, insbesondere das Sublimat, zu letzteren Ätzkali und Ätznatron resp. die Kali- und die Natronlauge. Wir erhalten somit bei Applikation der Substanzen der ersten Kategorie auf eine Schleimhaut oder ein Organ zunächst eine weissgraue, trübe, trockene Veränderung der betreffenden Oberfläche als primäres Ätzungsbild, während letztere nach Applikation von Kali- oder Natronlauge, letztere im Gegenteil sich aufhellt und ein verquollenes Aussehen erhält und durch das gleichzeitig sich lösende und imbibierende Blut eine dunkle Farbe erhält.

Aber auch bei den koagulierenden Ätzgiften ist das primäre Ätzungsbild nicht immer ein bleibendes, sondern ändert sich im weiteren Verlaufe, was vorzugsweise davon abhängt, in welcher Weise das Blut in den verätzten Partien und deren unmittelbarer Nachbarschaft durch die weitere Einwirkung des Ätzgiftes verändert wird oder nicht.

In dieser Beziehung verhalten sich nämlich die koagulierenden Ätzgifte verschieden. Während nämlich Schwefelsäure, Salzsäure und Oxalsäure das Blut nicht bloss koagulieren, sondern schon nach kurzer Einwirkung den Blutfarbstoff teilweise zu Hämatin lösen, wodurch nachträglich eine schwarzbraune bis schwarze Imbibition der verschorften Partien zu Stande kommt, bewirkt die Carbolsäure und das Sublimat bloss eine Koagulation des Blutes, nicht aber auch eine Lösung des Blutfarbstoffes, so dass eine Imbibition der Schorfe mit letzteren nicht erfolgt und daher letztere auch nach längerer Einwirkung noch das primäre, weisse oder grauweisse Ätzungsbild darbieten.

Auf Tafel 30 sehen wir diesen Vorgang abgebildet, wie er sich im Reagensglase abspielt. In a sehen wir Blut nach Einwirkung von mässig konzentrierter Schwefelsäure. Wir sehen im unteren Drittel die schwarzen Koagula und darüber stehend die sauere, schwarzbraune Hämatinlösung, ebenso und zwar in dunklerer Nuance in b Blut nach Einwirkung von Salzsäure.

In c finden wir eine vollständige Lösung des gesamten Blutes durch Natronlauge, es wurde frühzeitig sowohl das Fibrin gelöst, als auch der Blutfarbstoff zu Hämatin in alkalischer Lösung ausgelaugt.

In d und e dagegen Carbolsäure und Sublimat sehen wir das Blut nur koaguliert und darüber eine hohe Schichte fast wasserklarer Flüssigkeit, welche offenbar nichts von dem Blutfarbstoff aufgenommen hat. Dabei ist aber zu bemerken, dass auch die Farbe der Blutkoagula eine andere ist, als jene bei Schwefelsäure und Salzsäure, resp. der Lösungen bei diesen, nämlich nicht schwarz bis schwarzbraun, sondern nach Einwirkung von Carbolsäure hellziegelrot und nach Einwirkung von Sublimat gräuviolett, welche Färbungen des Blutes bei Vergiftungen mit diesen Ätzgiften durch die weissen, epithelialen Schorfe durchschimmern und so, abgesehen von anderen Eigenschaften zur Diagnose resp. Differenzialdiagnose der betreffenden Vergiftungen beitragen.

Erklärung zu Tafel 31.

Tafel 31. Laugenessenzvergiftung.

Die 21 jährige M. C. hatte in selbstmörderischer Absicht eine grössere Menge von sog. Laugenessenz etwa 40 proz. Natronlauge) getrunken, war sofort unter Erscheinungen heftiger Gastroenteritis erkrankt, hatte schwärzliche Massen erbrochen und einen geschwollenen Mund, gezeigt. Ein herbeigeholter Arzt hatte verdünnten Essig als Gegenmittel gegeben und den Transport in ein benachbartes Krankenhaus verfügt, woselbst trotz reichlichen Erbrechen und Ausspülung des Magens nach 2 Tagen der Tod erfolgte.

Die Leiche zeigte eine starke Rötung und Schwellung der gesamten Mundschleimhaut mit teils abgängigen, teils in Form weisslicher, trüber, weicher Fetzen anhaftendem Epithel. Die Schleimhaut des Ösophagus war überall des Epithels beraubt, geschwellt und düster gerötet, mit nach abwärts zunehmender, bräunlicher Färbung und überall weich.

Der Magen enthielt kaffeesatzfärbige, fleckig getrübte Flüssigkeit. An der Schleimhaut fehlt überall das Epithel, sie ist überall weich, stark geschwellt, in grobe Falten gelegt, wie gequollen, schwarzbraun gefärbt, insbesondere auf der Höhe der Falten, woselbst vielfach verwaschene Ecchymosen und kleine, oberflächliche Substanzverluste zu bemerken sind. Am Schnitt ist die Schleimhaut, stellenweise bis ins Unterschleimhautgewebe hinein, in gegen die Tiefe zu abnehmendem Grade durch Imbibition mit gelöstem Hämatin schwärzlichbraun gefärbt, injiciert, und stellenweise deutlich hämorrhagisch infiltriert. Das submucöse Zellgewebe wie ödematös. Das Blut in den Gefässen geronnen, die Gerinnsel weich.

Die Schleimhaut des Duodenums etwas gelockert, leicht gallig imbibiert, ohne Verletzungsspuren.

Tafel 32. Vergiftung mit konzentrierter durch Ultramarinblau gefärbter Natronlauge.

Das Präparat stammt von einem etwa 50 jährigen Fragner. welcher nachts mit der Angabe gebracht wurde, dass er sich mit der in seinem Laden verkäuflichen, mit Ultramarinblau gefärbten Laugenessenz absichtlich vergiftet habe.

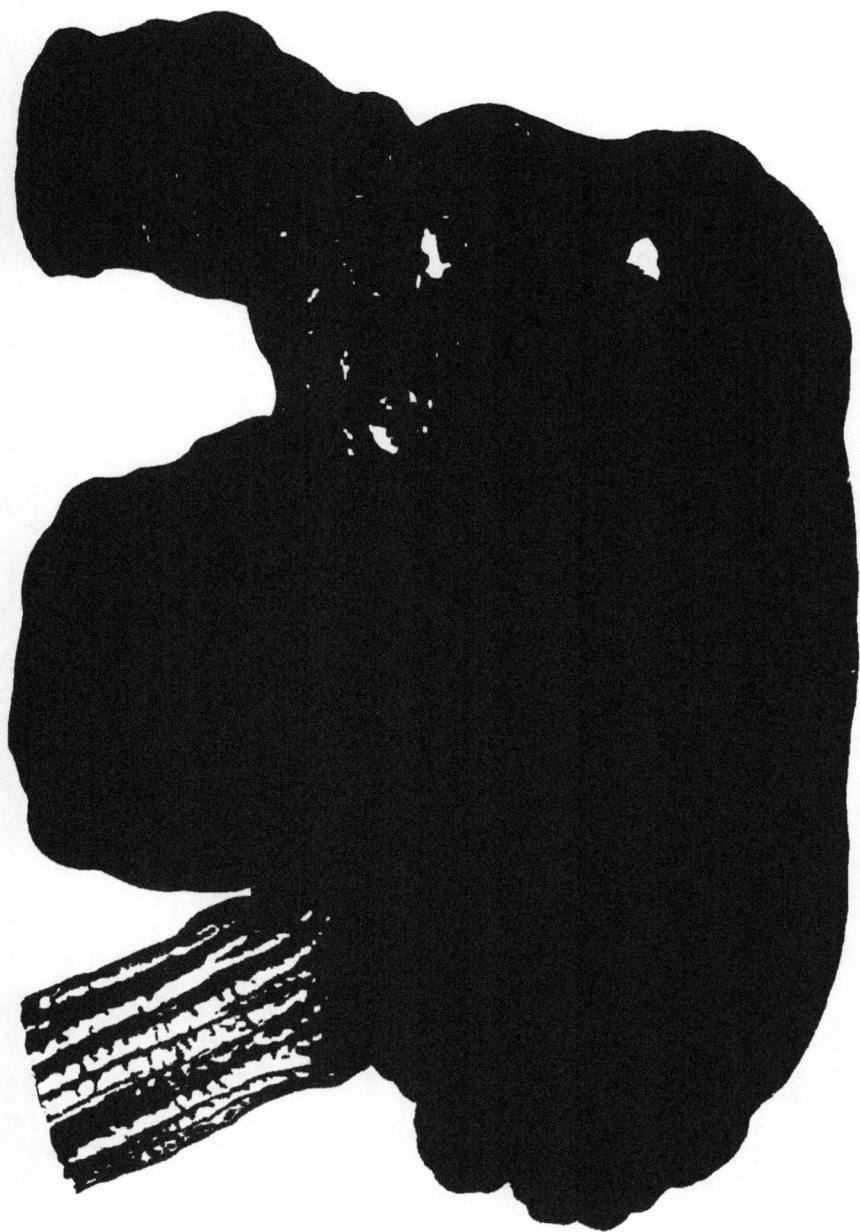

Äusserlich war keine Blaufärbung zu bemerken, wohl aber starke
Rötung und Schwellung der Lippen mit partieller Ablösung des gequollenen Epithels. Dagegen war das Epithel am Zungengrund blau
gefärbt, leicht ablösbar und getrübt, die Mund- und Rachenschleimhaut
stark gerötet und geschwellt. Wegen Glottisödem wurde die Tracheo-
tomie gemacht, doch starb Patient am nächsten Morgen.

Die Obduktion ergab ausser den schon erwähnten Verschorfungen im
Munde und im Rachen ein hochgradiges Ödem der Glottis und der Lungen,
ausserdem eine auffallende Blaufärbung des stark verquollenen und
getrübten, in dichte Falten gelegten Epithels des ganzen Oesophagus
mit Rötung und Schwellung der darunter liegenden Schleimhaut. Der
Magen selbst war mässig kontrahiert, mit schwärzlichen, trüben, alkalisch
reagierenden und seifenartig schlüpfrig sich anfühlenden Stoffen gefüllt,
in welchen sich fetzige, wie geronnene, bläulich verfärbte weiche Partikel
(abgestossene Epithelfetzen) nachweisen liessen. Die Magenschleimhaut
selbst ist überall des Epithels beraubt, stark gequollen, in dichte Falten
gelegt und fast gleichmässig schwarz gefärbt, welche Quellung und
Schwärzung die ganze Dicke der hämorrhagisch infiltrierten Schleimhaut
betrifft und auch in das hyperämische und ödematöse submucöse Zellgewebe hineinreicht, dessen grössere Gefässe sowie die Magenkranzgefässe nur weiche Blutgerinnsel enthalten.

In der Pylorusgegend und von da durch den Dünndarm bis auf
etwa 50 cm in das Jejunum herab ist die Schleimhaut nur wenig verätzt,
dafür überall schlottrig wie ödematös und überall in nach abwärts abnehmendem Grade hellblau verfärbt.

Die Ultramarinfärbung der verkäuflichen Laugenessenz wird vielfach und mit Recht zur Vermeidung von Unglücksfällen empfohlen und
angewendet und die Verfärbung, die sie in den inneren Organen erzeugt,
kann, wie der konkrete Fall zeigt, zur Erkennung einer Laugenessenz-
vergiftung resp. zur Unterscheidung dieser einen ähnlichen z. B. Schwefel-
oder Salzsäurevergiftung verwerthet werden, da, wenn man Ultramarin
mit einer solchen Säure übergiesst, die Färbung unter Freiwerdung
von Schwefel und Schwefelwasserstoff verschwindet, somit bei diesen
Vergiftungen gar nicht zu Stande kommt.

Erklärung zu Tafel 33.

Selbstvergiftung mit konzentrierter Schwefelsäure.

Der 33 Jahre alte Taglöhner A. M. wurde stöhnend und erbrechend
in einer städtischen Parkanlage gefunden, konnte nur schwer sprechen
und gab an, kurz zuvor aus Lebensüberdruss eine giftige Flüssigkeit
getrunken zu haben

Im Spital erbrach er schwarze, stark sauer reagierende Stoffe, in
welchen freie Schwefelsäure nachgewiesen wurde, collabierte rasch und
starb 1 Stunde nach der Einbringung.

Die Leiche zeigte ausgebreitet braune, lederartig harte Vertrock-
nungen an den Lippen und deren Umgebung, die sich beiderseits von

den Mundwinkeln in Form von herabfliessenden Streifen bis zum Unterkiefer und rechts bis zur Mitte des Halses herabzogen. Das Epithel des Mundes war weissgrau verätzt, vielfach fetzig abgelöst, die Schleimhaut darunter gerötet und geschwellt, ihre oberflächlichen Gefässe schwarz injiciert. In gleicher Weise war die Schleimhaut des ganzen Ösophagus verändert und zugleich in starre Falten gelegt, oberflächlich wie gekocht.

Bei Eröffnung der Bauchhöhle findet sich in derselben eine braune, trübe, mit krümmlichen Flocken und Speiseresten gemengte Flüssigkeit von stark saurer Reaktion. Beide Blätter des Bauchfells stark schmutziggrau getrübt und starr, wie gekocht, mit schwarz injicierten Gefässen, aus welchen sich vielfach wurstartig geformte, schwarze, brüchige Blutcylinder ausdrücken lassen. Diese Veränderung dehnt sich über alle Bauchorgane aus und dringt teils nur oberflächlich, teils in grösseren Tiefen in dieselben ein. Insbesondere ist der grösste Teil der Gedärme in ihrer ganzen Dicke wie gekocht, getrübt und starr, ebenso die Gekröse, welche mit starren schwarzen Blutcylindern prall ausgefüllt sind.

Der Magen zusammengezogen, äusserlich wie gekocht, mit schwarz und prall injicierten Kranzgefässen, aus denen sich schwarze trockene Blutausgüsse austreifen lassen. Im Grunde des Magens ein für 2 Finger durchgängiges unregelmässiges Loch mit fetzigen verdünnten Rändern, aus welchen sich die in der Bauchhöhle gefundenen, braunen, saueren Massen entleeren, durch welche die dort konstatierten, eben beschriebenen Veränderungen veranlasst worden sind.

Die Schleimhaut des Magens ist überall des Epithels beraubt, in einen schwarzen, hämorrhagisch infiltrierten Schorf verwandelt, an mehreren Stellen abgängig, so dass das geschwellte, braun imbibierte und mit schwarzen Gefässnetzen durchzogene Bindegewebe, stellenweise sogar das Peritoneum, zu Tage liegt. Letzteres ist insbesondere im Magengrunde an der Perforationsöffnung der Fall, gegen welche zu sich die Magenwand verdünnt und deren fetzige Ränder schliesslich nur von dem durchbrochenen Peritoneum gebildet werden.

Die Perforation des Magens muss sehr bald nach der Ingestion der Säure eingetreten sein, woraus sich der rasche Verlauf, insbesondere der rasche Collapsus, erklärt. Jedenfalls ist dieselbe noch während des Lebens erfolgt, da sich nur so die pralle Injektion der Gefässe der Gekröse mit erstarrten Blutmassen erklärt.

Wegen der grossen Menge und Konzentration der Schwefelsäure, die zur Aktion gekommen ist, kann schon, dem anatomischen Bilde zufolge, an den Selbstmord nicht gezweifelt werden, der auch durch die Umstände des Falles klargestellt worden ist.

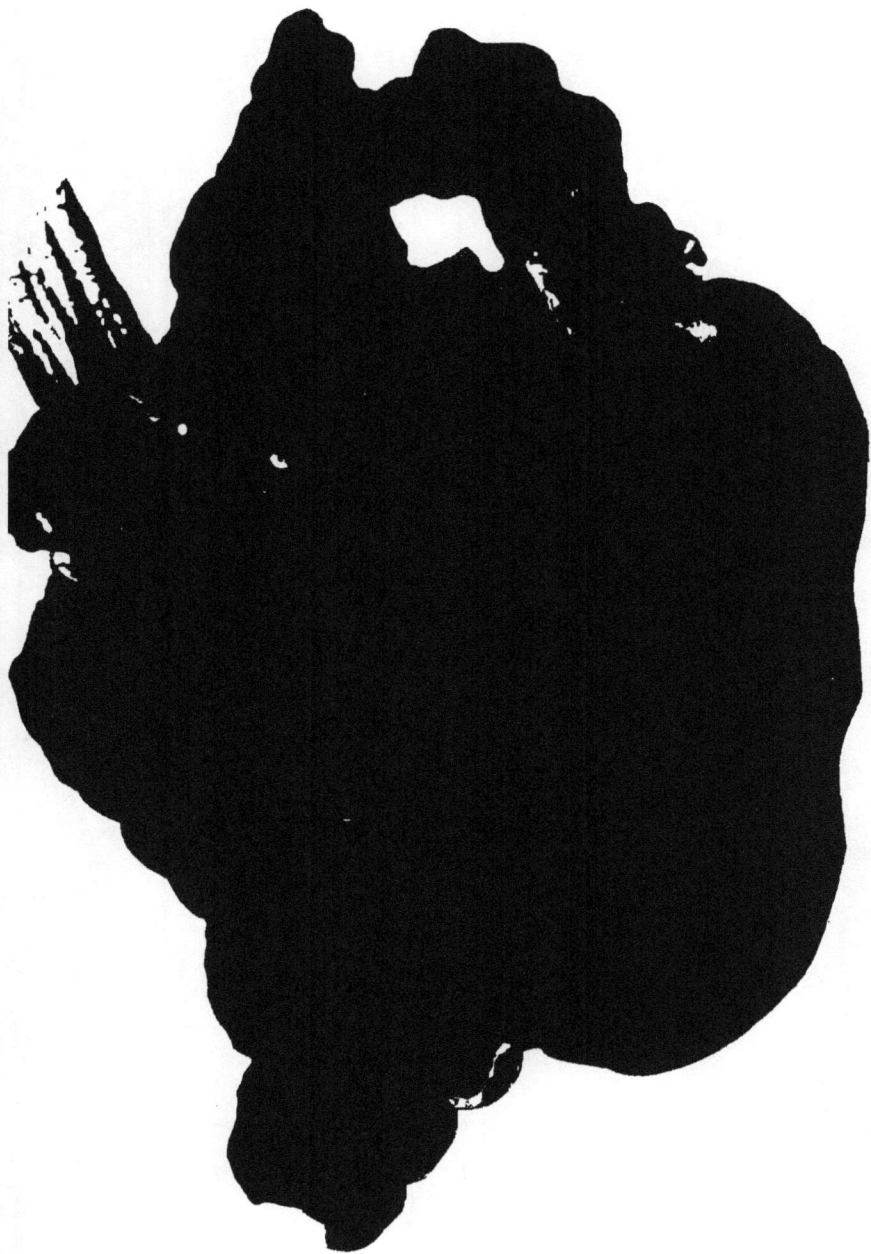

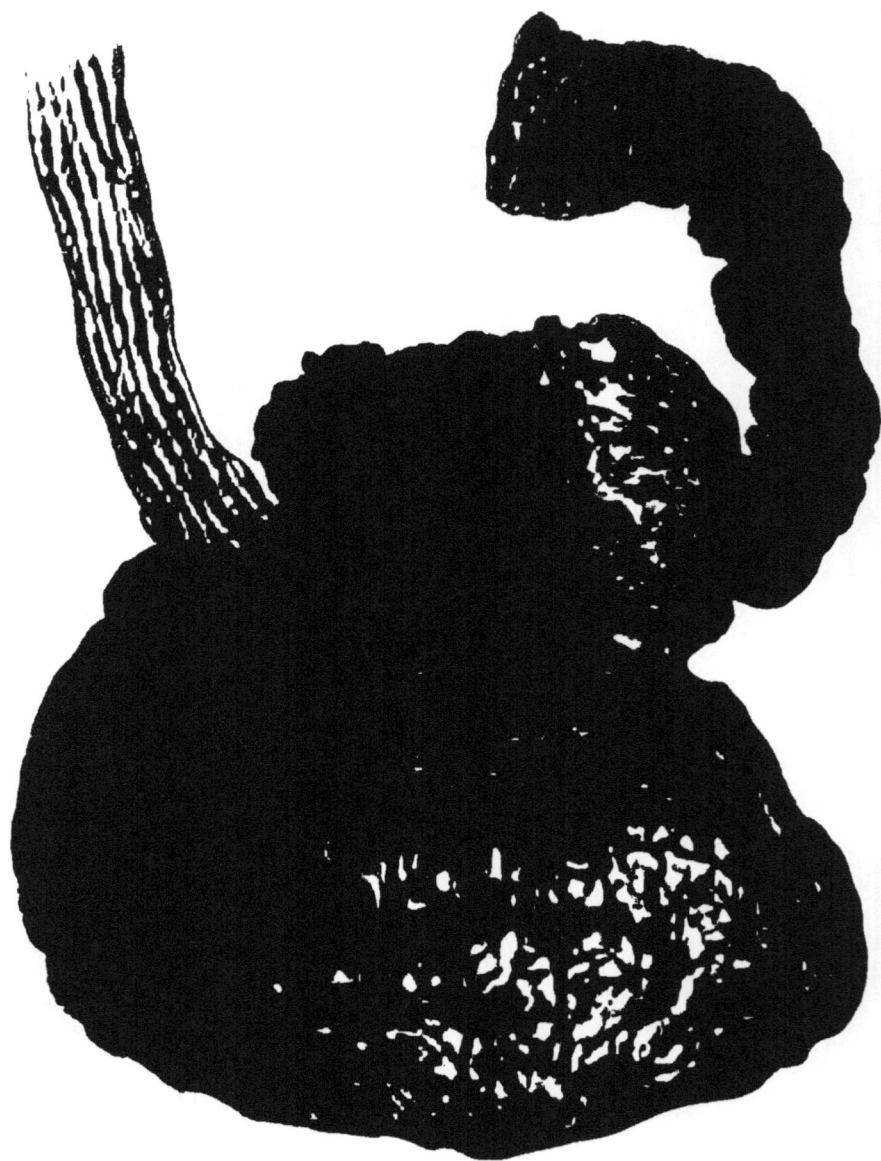

Erklärung zu Tafel 34.

Vergiftung mit verdünnter Schwefelsäure.

Eine 20jährige Dienstmagd hatte infolge eines Verdrusses mit ihrer Dienstgeberin eine etwa 50 gr betragende Menge verdünnter etwa 20prozentiger Schwefelsäure getrunken und war sofort ins Spital gebracht worden, nachdem sie schon zu Hause heftig erbrochen und über heftige Schmerzen in den Schlingorganen und im Bauche geklagt hatte. Im Spitale wurde weissgraue Verschorfung des gesamten Mundepithels und Verschorfung der Haut unter den Mundwinkeln konstatiert, ferner Schmerz in der gegen Druck sehr empfindlichen Magengegend, Erbrechen saurer schwärzlicher Massen und Erscheinungen von Collaps. Trotz angewandter Gegenmittel starb das Mädchen am nächsten Tage, 24 Stunden nachdem sie das Gift genommen hatte.

Die Obduktion ergab ausser weissgrauer Verschorfung und partieller Ablösung des Epithels der Mundschleimhaut, entzündliche Rötung und Schwellung der letzteren, gelbbraunen, lederartig vertrockneten, von den Mundwinkeln herabziehenden Streifen und kaffeesatzfärbigen Mageninhalt, den in der beiliegenden Abbildung wiedergegebenen Befund.

Die Schleimhaut der Speiseröhre ist geschwellt und in fast starre Längsfalten gelegt. Das Epithel darüber weissgrau getrübt, verdickt, wie gekocht und zeigt auf der Höhe der Falten feine Querrisse.

An der inneren Magenwand kann man zwei Partien unterscheiden, die schwarzbraun bis schwarz gefärbten und die schmutzigblassvioletten nur stellenweise schwärzlich eingesprenkelten Partien. Erstere betreffen vorzugsweise die linke Hälfte des Magens, insbesondere die hintere und untere Wand derselben und strahlen von da, den groben Faltungen der Magenschleimhaut folgend, gegen die rechte Magenhälfte aus. Es sind dies diejenigen Magenpartien, welche zunächst von der Schwefelsäure getroffen wurden und mit welchen zugleich die Säure am längsten in Berührung gestanden ist. Die Schleimhaut ist hier in verschiedener Tiefe durch Koagulation verschorft und vielfach hämorrhagisch infiltriert und zugleich blutig imbibiert, wobei der Blutfarbstoff sowohl in den ausgetretenem als in dem noch in den Gefässen befindlichen Blut in Hämatin in saurer Lösung umgewandelt ist, wodurch die schwarzbraune bis schwarze Färbung der Schorfe bedingt wird. Die Verschorfung betrifft vorzugsweise die Höhen der Falten. Das Blut in den Gefässchen der verschorften Schleimhautpartien ist fast geronnen und durch Wasserentziehung zu brüchigen Cylindern eingetrocknet. Das Zellgewebe unter den Schorfen ist ödematös geschwellt, stellenweise ebenfalls hämorrhagisch infiltriert.

Die Schleimhaut zwischen den verschorften Magenfalten sowie die gesamte Schleimhaut der rechten Magenpartie ist mit Ausnahme einzelner kleiner schwarzbrauner Stellen samt dem Unterhautzellgewebe stark geschwellt und düster gerötet und quillt über die verschorften Partien hervor.

Die Schleimhaut des Zwölffingerdarms ist ebenfalls geschwellt und stärker injiciert und zeigt nur leichte weisgraue Trübung des Epithels.

Erklärung zu Tafel 35.

Salzsäurevergiftung.

Der 46jährige Knecht F. P. wurde am 23. Januar mit Quetschwunden an beiden Ohren und mit einem Bruche des Unterkiefers
ins Spital gebracht und gab an, diese Verletzungen 8 Tage vorher
durch einen Sturz vom Wagen erlitten zu haben. Er war sehr dispnoisch
und starb nach 3 Tagen unter tetanischen Krämpfen.

Die Obduktion ergab in Verheilung begriffene Quetschwunden an
beiden Ohrmuscheln und einen Schiefbruch des Unterkiefers zwischen
den mittleren Schneidezähnen mit partieller Eiterung in der Nachbar-
schaft, ausserdem aber eine hochgradige Verätzung der gesamten
Schlingwege, des Magens und des oberen Dünndarms, welche, da das
Filtrat des Mageninhaltes mit Chlorbaryum keine, mit salpetersaurer
Silberoxydlösung aber eine starke Fällung erzeugte, offenbar durch
Salzsäure veranlasst worden ist.

Das Epithel der Mundhöhle und der Speiseröhre grösstenteils abgängig, stellenweise in weissgrau getrübten Fetzen anhaftend. Die
Schleimhaut gerötet und geschwellt, in der Speiseröhre schiefergrau
getrübt, mit kaffeesatzfärbig injicierten Gefässnetzen durchzogen.

Im Magen kaffeesatzfärbige, stark sauer reagierende, Krautreste
enthaltende Flüssigkeit. Die Schleimhaut des ganzen Grundes sowie
entlang der grossen Kurvatur bis zum Pylorus abgängig, das blossgelegte
Unterschleimhautgewebe tief schwarz, schlotterig und fetzig, mit wurst-
förmig eingedicktem Blute in den betreffenden Gefässen. Muskularis
und Peritoneum darunter vielfach wie gekocht. Die sonstige Schleimhaut
blass getrübt und ödematös.

Von besonderem Interesse ist die Innenwand des Duodenums und
des anstossenden Jejunums, da man daselbst ein ziemlich grobmaschiges
schwarzes Netzwerk und innerhalb der Massen die wie gekocht aussehende höckerige Schleimhaut bemerkt. Das Netzwerk entspricht den
am meisten verschorft gewesenen Faltenhöhen der Valvulae conniventes,
von welchen jedoch die verschorfte Schleimhaut abgegangen ist, so
dass jetzt das hämorrhagisch infiltrierte und durch gelöstes Hämatin
imbibierte Unterschleimhautgewebe blossliegt. Die graugelben Felder
dazwischen sind die den früheren Faltenthälern entsprechenden, daher
weniger schwer verätzten Partien, an welchen die durch Koagulation
verschorfte Schleimhaut samt ihren Drüsen noch haftet.

a

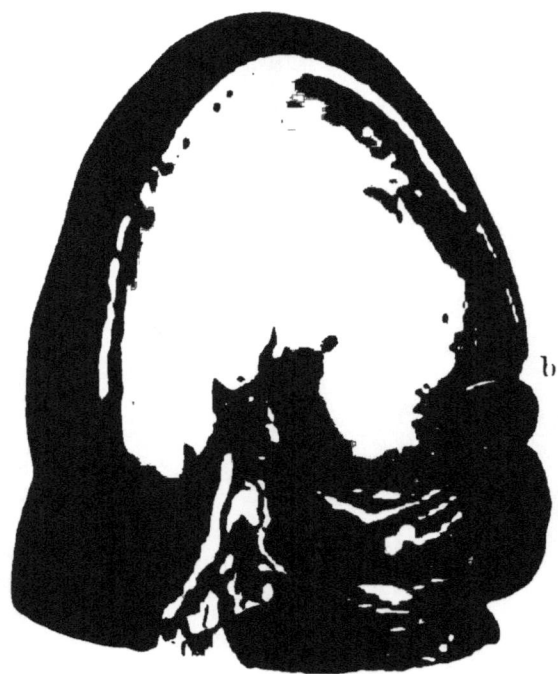

b

Die dem Magen anlagernden Organe waren oberflächlich wie gekocht und das Blut in der Vena porta sowohl als in der Aorta zu
einer brüchigen trockenen Masse koaguliert. Aus letzterem Befunde,
sowie aus der Ausbreitung der Verätzung, die nur durch eine grössere
Menge des Giftes veranlasst worden sein konnte, liess sich schliessen,
dass das Gift erst kurz vor dem Tode wahrscheinlich erst im Spitale,
und offenbar in selbstmörderischer Absicht genommen wurde, was auch
mit der Angabe der Spitalsleitung übereinstimmte, dass Patient niemals
erbrochen und, nachdem er abends noch am Abort gewesen war, am
Morgen tot in seinem Bette gefunden wurde.

Über die Provenienz des Kieferbruches und der Verletzungen an
den Ohrmuscheln war nichts Näheres zu erfahren. Ihr Verhalten
stimmte mit der Angabe des Untersuchten, dass sie schon 8 Tage vor
der Spitalsaufnahme entstanden seien, ob jedoch auf von ihm angegebene
oder auf eine andere Weise (etwa durch Selbstmordversuch) musste
dahingestellt bleiben.

Erklärung zu Tafel 36.

Fig. a. Stück des Zwölffingerdarms von dem auf Tafel 35
abgebildeten Falle von Salzsäurevergiftung, etwas vergrössert,
wodurch einesteils die weissgraue Verschorfung der Schleimhaut und
ihrer Drüsen hervortritt, anderseits das fast schwarz injicierte und
imbibirte, den Höhen der Falten entsprechende, submucöse Zellgewebe,
welches nach Abstossung der dort am meisten verschorften Schleimhaut
blossliegt und als ein schwarzes Netzwerk sich präsentiert.

Fig. b. Zeigt die Diffusion der Ätzgifte durch den unverletzten Magen in die anlagernden Organe, speziell einen Fall, wo sich
die Diffusionswirkung bei Carbolsäurevergiftung durch den
Magengrund auf die Innenfläche der Milz ergab.

Der Magengrund war in seiner ganzen Dicke wie gekocht, starr,
und zeigte einen Stich ins Rötliche. In gleicher Weise ist aber auch
die Innenfläche der Milz bis $1/2$ cm in die Milzsubstanz hinein verändert, was nur durch Diffusion des Ätzgiftes durch den Magengrund
geschehen sein konnte.

Erklärung zu Tafel 37.

Vergiftung mit konzentrierter Salpetersäure.

Die 36 Jahre alte Handarbeiterin P. B. hatte am 21. November 9 Uhr früh eine grosse Quantität» Scheidewasser getrunken. Sie wurde mit Erbrechen um 11 Uhr in ein Krankenhaus gebracht. wo sie am selben Nachmittag 4 Uhr starb. Das Motiv der That soll ein heftiges Kopfleiden gewesen sein. Nähere Daten waren nicht zu erhalten.

Die Leiche zeigte eine auffällige, gelbe Färbung der Haut am Munde, die sich in Form von Streifen gegen den Unterkiefer herabzog. Auch das Epithel der Mundschleimhaut war grösstenteils gelb gefärbt. getrübt, verdickt und leicht ablösbar. Die Schleimhaut selbst bleichgelb wie gekocht.

Das Epithel des Ösophagus überall gleichmässig hellgelb, in starre Längsfalten gelegt, verdickt, getrübt, brüchig und leicht abstreifbar. Die Schleimhaut darunter wie gekocht, mit einem Stich ins gelbliche und mit schwarz injicierten Gefässen durchzogen.

Der M a g e n stark kontrahiert, enthält gelbe, brüchige, krümmliche Stoffe, welchen schwärzliche, kleine aber zahlreiche, bröcklige Blutgerinnsel beigemengt sind. Die Magenschleimhaut überall in einen hellgelben, rissigen, trockenen Schorf verwandelt, höckerig mamelloniert, an zahlreichen Stellen abgängig oder im Ablösen begriffen. Daselbst die fetzige Submucosa blossgelegt, welche teils gelblich, teils schwarz imbibiert ist und massenhafte, teils in den Gefässen eingeschlossene, teils aus ihnen hervorragende, teils freiliegende, cylindrische, brüchige Blutgerinnsel enthält. Die tieferen Wandschichten sind verdickt, wie gekocht, ohne auffällige Gelbfärbung, die Magenkranzgefässe mit festen Blutgerinnseln prall gefüllt, mit zahlreichen, subperitonealen, bis über bohnengrossen Blutaustritten in der Nachbarschaft entlang des ganzen Verlaufes der grossen Kurvatur.

Auch der Zwölffingerdarm starr, wie gekocht, seine Schleimhaut hellgelb verschorft, verdickt, in grobe Falten gelegt, auf der Höhe der Falten stellenweise abgängig und das fetzige, hämorrhagisch infiltrierte Zellgewebe blossgelegt.

Die den Magen anlagernden Organe oberflächlich wie gekocht und leicht gelblich gefärbt.

Die konstatierte Gelbfärbung ist eine besondere Eigentümlichkeit der durch Salpetersäure verschorften Partien, die der allgemeinen Annahme nach auf Bildung von Xanthoproteïnsäure beruht und sich namentlich auf den epidermoidalen und epithelialen Geweben bemerkbar macht. Doch kommt diese Gelbfärbung nur der konzentrierten Salpetersäure zu. während sie nach Einwirkung verdünnter Säure sich nicht oder nur unbedeutend äussert.

Es kann daher eine Salpetersäurevergiftung auch ohne die charakteristische Gelbfärbung vorkommen.

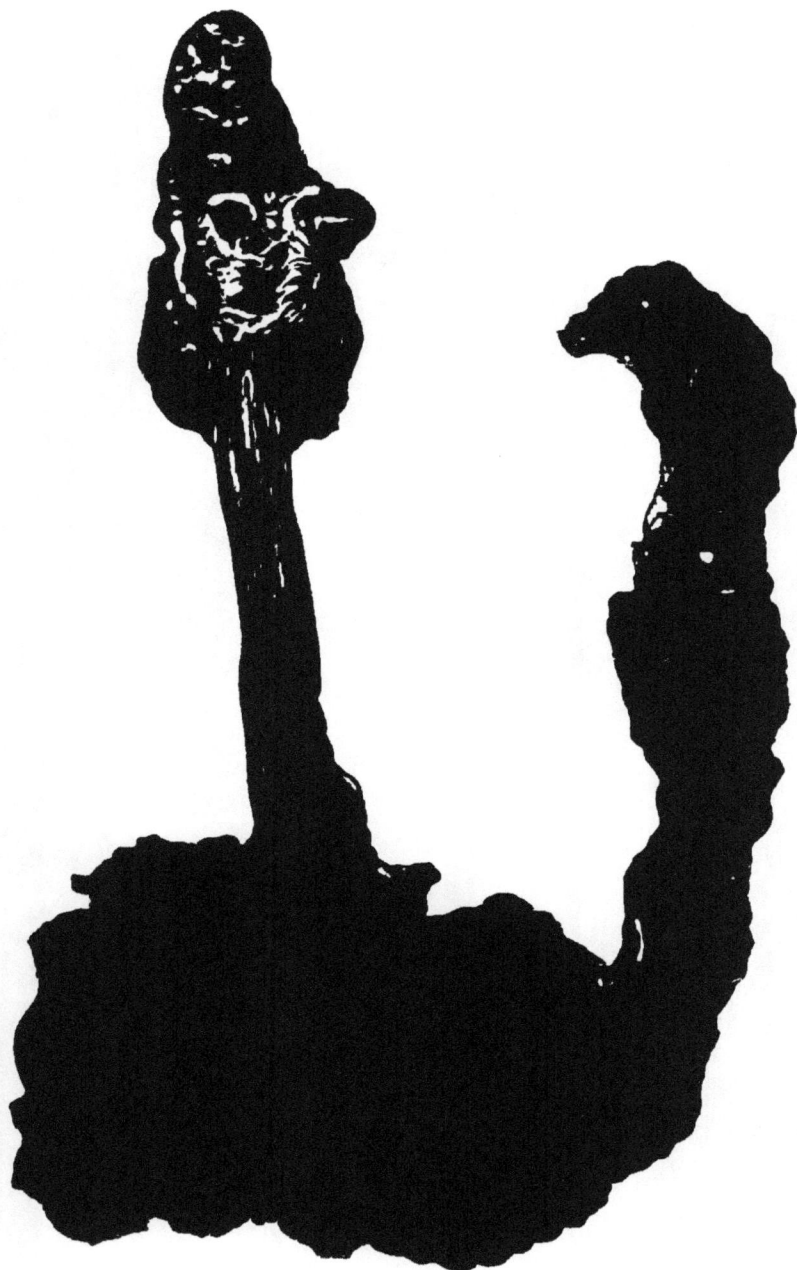

Tab. 38.

Erklärung zu Tafel 38.

Vergiftung mit Karbolsäure. Selbstmord oder Zufall?

Der 51 jährige Taglöhner J. M. hatte um $^1/_4$ 6 Uhr früh aus einer mit »Vöslauer Goldeck« signierten Flasche getrunken, welche 90% verflüssigte Karbolsäure enthielt. Die Flasche soll bis zur Höhe der Etiquette gefüllt gewesen sein, dann aber nur etwa einen Kinderlöffel voll enthalten haben, so dass etwa 80 ccm Karbolsäure getrunken worden sein mussten. Die Flasche war von einer Frau hingestellt und zur Ungeziefervertilgung benützt worden. Anderseits wurde angegeben, dass M. schon wiederholt Lebensüberdruss geäussert habe und durch einige Zeit Laborant in einer Apotheke gewesen sei. — M. erbrach sofort, wurde bewusstlos und starb nach etwa einer halben Stunde.

Bei der Obduktion fanden sich die Lippen braunrot vertrocknet. Das Epithel des Mundes und Rachens weissgrau getrübt und verdickt, stellenweise in weissgrauen kleinen Fetzen ablösbar. Der Epithelialüberzug der gesamten Speiseröhre in Längsfalten gelegt, rein weiss starr und undurchsichtig, die Schleimhaut blassrötlich durchscheinend. Der Magen stark ausgedehnt, schwappend, sein Überzug blassrötlich mit vortretenden ziemlich stark gefüllten Gefässen. Im Magen etwa 500 gr einer wässrigen, molkigen, stark sauer reagierenden und deutlich nach Karbol riechenden Flüssigkeit, der Magengrund ohne auffällige Verätzungserscheinungen, die Schleimhaut graurötlich, weich, vielfach feinwarzig (mamelloniert), in der Pyloruspartie aber, sowie entlang der kleinen Kurvatur in starre Falten gelegt, verdickt, von graurötlicher Farbe mit fast milchweiss getrübtem Epithel. Diese verätzt, wie gekocht aussehende Veränderung betrifft am Pylorus die ganze Dicke der Magenwand, dringt an diffusen Stellen bis in das dort rötlich getrübte Peritoneum und betrifft auch die anlagernde Fläche des linken Leberlappens in ihren obersten Schichten.

Die Verätzung nimmt gegen den Pförtner zu und lässt sich in gleicher Form durch das ganze Duodenum bis zum Beginn des Jejunum verfolgen, woselbst die Schleimhaut wiederum weich und zart, doch noch auf 30 cm Länge stark gerötet, gelockert und hie und da auf der Höhe der einzelnen Falten ganz oberflächlich verätzt erscheint.

Aus dem ganzen Befunde geht hervor, dass trotzdem der Magen nur partiell verätzt war, was sich ungezwungen daraus erklärt, dass derselbe zur Zeit des Schluckens des Giftes gefüllt gewesen ist, doch eine grössere Menge von Karbolsäure und zwar jedenfalls mehr als ein einziger Schluck genommen wurde, was für sich allein die Annahme nahelegt, dass M. die giftige Substanz, welche schon auf den Lippen heftig brennt, in einer mehr als einen Schluck betragenden Quantität, somit offenbar absichtlich, genommen habe.

Da überdies die Karbolsäure ihrer auffallenden Eigenschaften wegen auch dem Laien allgemein bekannt ist und besonders dem M., der ja einige Zeit in einer Apotheke als Laborant diente, bekannt sein musste, so liegt die Annahme am nächsten, dass M. auf diese Weise einen Selbstmord verübt habe, wofür auch seine wiederholten Äusserungen von Lebensüberdruss und die Tuberkulose beider Lungenspitzen sprechen, mit welcher M. schon längere Zeit behaftet war.

— · —

Erklärung zu Tafel 39.

Vergiftung mit Carbolsäure. Selbstmord.

Betrifft einen 20jährigen Mann, der nachts 2 Uhr vor dem Thore des allgemeinen Krankenhauses tot, mit einem nach Karbol riechenden Fläschchen neben sich, gefunden wurde.

Die Lippen waren braunrot vertrocknet, das Epithel der Mund- und Rachenschleimhaut überall leicht weiss verschorft, stellenweise leicht abstreifbar. Die Schleimhaut darunter blass über den Ary- knorpeln, sowie der Uvula ödematös. Die Schleimhaut der Speiseröhre bis zur Cardia weisslich getrübt, in Längsfalten gelegt, das Epithel leicht abstreifbar.

Der Magen zusammengezogen, derb anzufühlen, von aussen teils blass, teils — besonders am Grunde — hellviolett durchscheinend, mit hellrot und starr injicierten Gefässen. In demselben etwa 100 ccm einer hellrötlichen, schwach sauer reagierenden, stark nach Karbol riechenden, molkig getrübten Flüssigkeit. Die Schleimhaut im Bereiche fast des ganzen Magens in starre Falten gelegt, wie gekocht, rein weiss, nur in den Faltentiefen, besonders gegen den Pylorus zu, besser er- halten, rötlich gefärbt und auch an den stark verätzten Stellen rötlich durchscheinend. An vielen Stellen, besonders den Faltenhöhen ent- sprechend ist das sonst milchweiss verschorfte Epithel abgängig und die hämorrhagisch hellrot infiltrierte Schleimhaut blossgelegt.

Im Darm keine weiteren Veränderungen, ebensowenig in den sonstigen Organen.

Erklärung zu Tafel 40.

Verätzung der Lippen und der Umgebung des Mundes durch Lysol.

Das 6 Monate alte Kind hatte am Abend statt einer Medizin durch seine Grossmutter, eine 70jährige altersschwache Frau, einen Theelöffel voll konzentriertem Lysol erhalten, fing sofort an zu schreien, wurde unruhig, atmete schwer und starb am nächsten Tage. Die äussere Besichtigung ergab am Munde und in dessen Nachbarschaft die hier abgebildeten Befunde, welche sofort die stattgehabte Ingestion einer ätzenden Flüssigkeit per os erkennen lassen. Der äussere Lippensaum ist gerötet und geschwellt, der innere sowie das Epithel der ganzen vorderen Mundschleimhaut weissgrau getrübt, die Haut aber in der Umgebung des Mundes, sowie von den Mundwinkeln und von der Unterlippe herab in Form von Streifen bis zum Kinn und links bis zum Halse herab braungelb, von lederartiger Konsistenz, welche Veränderung die oberen und nur stellenweise die tieferen Schichten der Cutis betrifft, ohne dass darunter eine auffallende Schwellung oder Rötung zu bemerken wäre. Diese Hautverätzungen unterscheiden sich nicht wesentlich von jenen, wie sie nach Einwirkung von Laugenessenz beobachtet werden, von jenen nach Schwefelsäure aber durch ihre grössere Weichheit, durch die mehr bräunliche Farbe und durch den Mangel von mit schwarzem trockenen Blut injicierten Gefässen.

Bei der inneren Untersuchung fand sich epitheliale weissgraue Verätzung der Schleimhaut des Mundes, des Rachens und des Ösophagus, sowie des Kehlkopfeinganges und beiderseitige lobuläre Pneumonie.

Erklärung zu Tafel 41.

Akute Sublimat-Vergiftung.

Magen einer Spitalshebamme, die sich mit konzentrierter Sublimat-lösung vergiftet hatte und unter raschem Collapsus 4 Stunden darnach gestorben war, nachdem sie trübe, grauweisse, geruchlose, wie geronnenes Eiweiss aussehende Massen erbrochen und grauweisse ausgebreitete Ver-schorfungen der Lippen-, Mund- und Rachenschleimhaut gezeigt hatte.

Die Obduktion ergab ausser letzterer eine grauweisse, wie gekochte Beschaffenheit der Schleimhaut des ganzen Ösophagus, welche nicht bloss das in starre Falten gelegte Epithel, sondern auch die oberen Schleimhautschichten betraf, unter welchen nur eine mässige Hyperämie, sonst aber keine weitere Veränderung sich befand.

Der Magen war zusammengezogen, derb anzufühlen von aussen an der rechten Hinterwand und am Fundus grauweiss getrübt, wie ge-kocht, welche Veränderung auch auf die Innenfläche der Milz über-griff. Der sonstige Peritonalüberzug war blass und glatt.

Der Magen enthielt reichlichen, koagulierten Schleim, die M a g e n-s c h l e i m h a u t ist, wie aus der Abbildung zu ersehen, eigentümlich und gleichmässig, bleich, grauviolett verfärbt, starr, in dichte Falten gelegt, verdickt und trocken, die Veränderung erstreckt sich durch die ganze Schleimhaut, stellenweise sogar bis ins Unterschleimhautgewebe, und am Grunde, besonders an dessen Hinterwand, durch die ganze Dicke der Magenwand, so dass sie sich selbst an der Aussenfläche und sogar in den oberen Schichten der anlagernden Milzfläche äussert. Diese Veränderung beruht auf einer Koagulation der Gewebe, welche makroskopisch sowohl als mikroskopisch wie gehärtet und in ihrer feinsten Struktur erhalten sind.

Die eigentümliche Farbe der inneren Magenwand setzt sich zu-sammen aus der weissen Farbe der verätzten Gewebe, speziell des Epithels und der mausgrauen Farbe des durch Sublimat koagulierten Blutes (3. Tafel) in den Schleimhautgefässen, welches durch die übrigen Strata durchschimmert.

Leider hält sich diese Färbung nicht lange und schon am nächsten Tage zeigt das Präparat eine mehr bleigraue Farbe, die im Spiritus noch weiter nachdunkelt.

Die beschriebenen Veränderungen können auf den Magen beschränkt bleiben, lassen sich aber nicht selten in nach abwärts abnehmender Intensität eine meist nur kurze Strecke weit in den Darm verfolgen.

Wäre das Sublimat in der Form von Sublimatpastillen genommen worden, so zeigte der Mageninhalt sowohl als die verätzte Magen-schleimhaut eine auffallend anilinrote Färbung, die an letzterer vor-zugsweise die epitheliale Schicht betrifft.

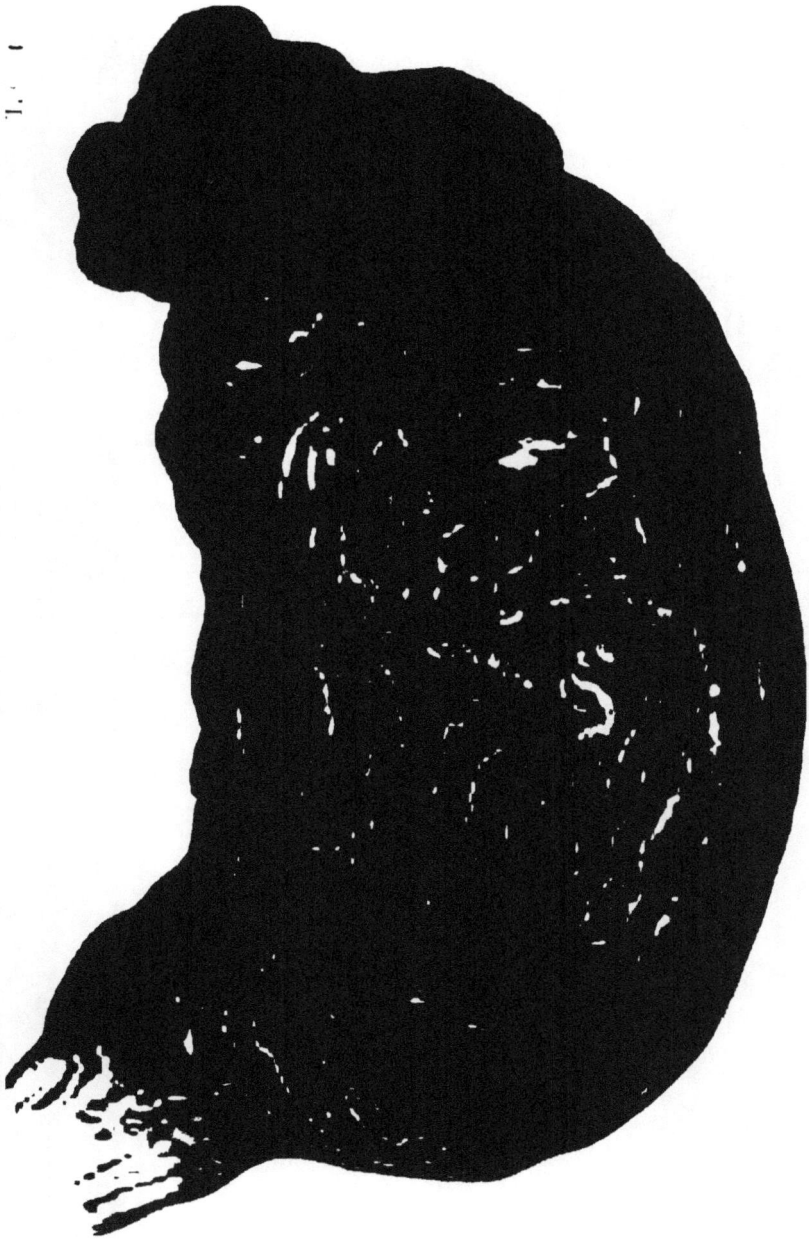

Tab. 42.

Erklärung zu Tafel 42.

Subacute Sublimatvergiftung.

Der 42 Jahre alte Portier J. J. hat am 30. April früh eine ihm wegen seines Hautleidens verordnete Sublimatlösung getrunken, worauf bald blutiges Erbrechen und später blutige Stühle auftraten, die bis zu seinem am 4. Mai früh erfolgten Tode andauerten.

An der Leiche fand sich die Schleimhaut des Rachens und der Speiseröhre gerötet und injiciert, des Epithels beraubt, in den unteren Partien gallig imbibiert und leicht abstreifbar.

Der Magen ungewöhnlich ausgedehnt, livid verfärbt, etwas starrwandiger, im subserösen Zellgewebe des Pylorusanteils an der kleinen Kurvatur suffundiert. Im Magen gallige, hämorrhagisch - schleimige Flüssigkeit. Die Magenschleimhaut im ganzen gewulstet und ödematös, graugrünlich von einzelnen Blutaustritten gesprenkelt, die gegen den Fundus dichter stehen und reihenweise den Falten entsprechend angeordnet sind. Im Fundus selbst tritt die Schleimhaut an einer handtellergrossen Stelle pilzförmig vor und ist daselbst in fast fingerdicke, starre, graue Wülste verwandelt, welche in ihrer ganzen Dicke grauweiss verschorft, wie gekocht sind und unter welcher die Submucosa hämorrhagisch infiltriert und ebenso wie die stark gewulstete Muscularis etwas blutig imbibiert ist.

Von den verschorften Wülsten ist die Schleimhaut an mehreren unregelmässigen, bis bohnengrossen Stellen abgestossen und der von der verblasst hämorrhagisch infiltrierten und etwas fetzigen Submucosa gebildete Grund blossgelegt. Die Ränder der Defekte teils abgerundet, teils fetzig, vielfach unterminiert. Ausgebreitete solche Ablösungen und Unterminierungen sieht man an den Rändern der gesamten, handtellergrossen Verschorfung und vermag mit der Sonde bis auf 2 cm weit unter die offenbar in Abstossung befindlichen Schorfe zu gelangen. Eiterung ist daselbst nicht nachweisbar, daher ein zarter, fibrinöser Belag an dem darunter liegenden Peritoneum. Auch über den dysenterischen Darmpartien Spuren beginnender Peritonitis.

Im untersten Dünndarm, namentlich aber im Dickdarm fand sich ausgebreitete Dysenterie, insbesondere ausgebreitete, diphtheritische Zerstörungen und Ulcerationen auf der Höhe der Falten.

Erklärung zu Tafel 43.

Sublimat-Dysenterie.

Dieselbe ergab sich bei einer 25 jährigen Frau, welche 6 Tage nach der Geburt an puerperaler Sepsis und eiteriger Pflegmone des Beckenbindegewebes gestorben war. Bei Extraktionsversuchen mit der Zange, die ausserhalb der Klinik gemacht worden waren, war ein 6 cm langer Riss in der linken Vaginalwandung entstanden. In der Klinik Extraktion des Kindes mittelst Forceps und Vernähung des Scheidenrisses. Vor der Zangenoperation wurde die Scheide mit 1⁰/₀₀ Sublimatlösung irrigiert, wobei die Flüssigkeit offenbar durch die Rupturstelle in das Beckenzellgewebe eingedrungen war.

Die Schleimhaut des Dickdarms ist überall stark gerötet und gelockert, auf der Höhe einzelner Falten stärker injiciert und mit Gruppen winziger Ecchymosen besetzt. In den oberen Partien ist dieselbe besonders auf der Höhe der Falten mit missfärbigen und übelriechenden diphtheritischen Exsudatmembranen belegt.

Tab. 43.

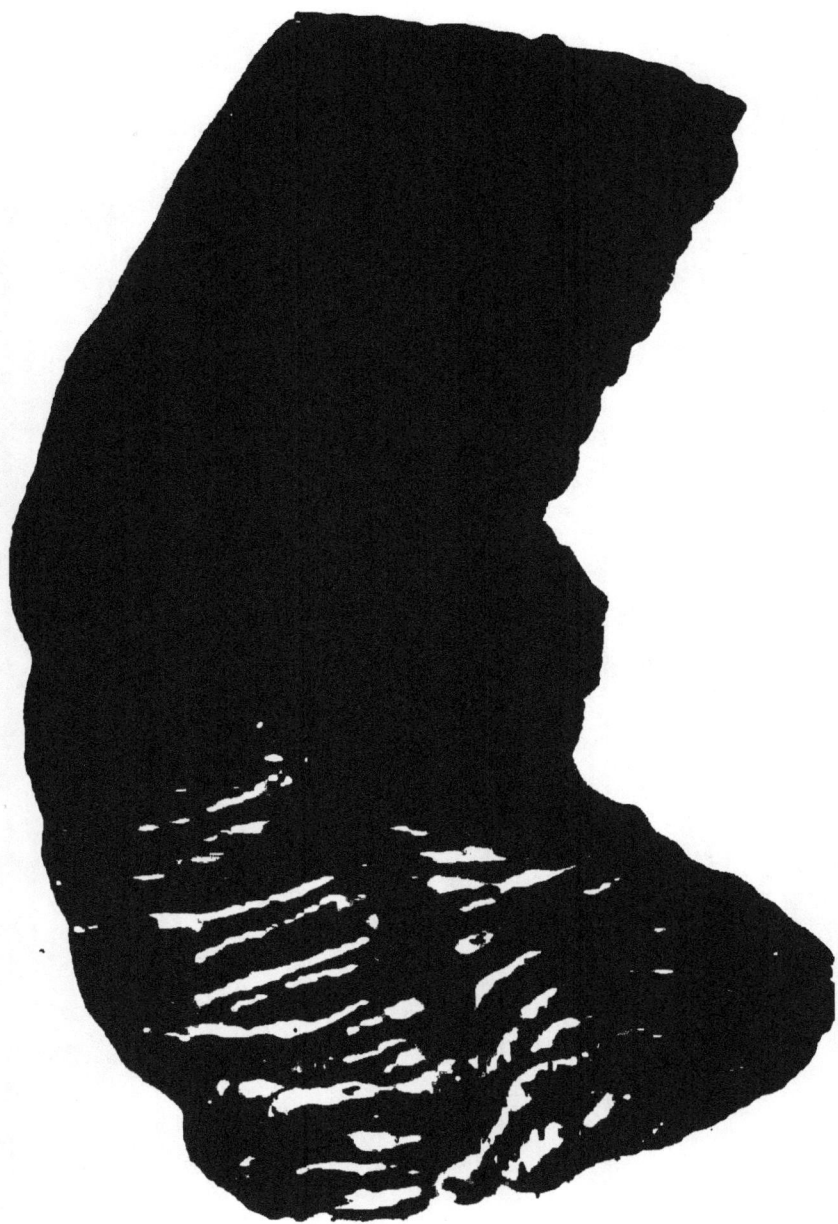

Lith Anst v J Reichhold, München

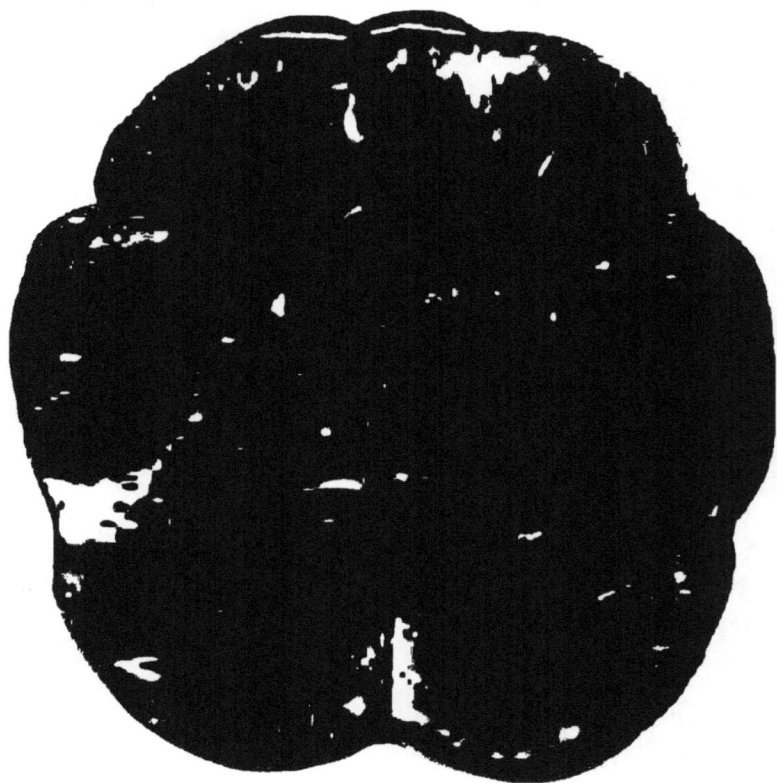

Erklärung zu Tafel 44.

Sublimatniere.

Die Abbildung samt Text ist dem Atlas der pathologischen Anatomie des Herrn Professors O. Bollinger, II. Teil, Tafel 7 entnommen. Er betrifft ein 9jähriges Mädchen, welches 3$^1/_2$ Tage vor seinem Tode eine Sublimat-Pastille (1 gr) verschluckt hatte. (Selbstmordversuch.) Der grösste Teil des Giftes wurde alsbald nach aussen entleert. Vollständige Anurie. Bei der Sektion fand sich die Magenschleimhaut unverändert, der Darm im mässigen Grade katarrhalisch entzündet, über beiden Lungen supleurale Ecchymosen und hypostatische Pneumonie der Unterlappen.

Die Nieren dagegen boten das Bild der toxischen parenchymatösen Nephritis. Die Niere ist bedeutend vergrössert, Kapsel leicht ablösbar, die Oberfläche glatt, das Gewebe sehr weich und brüchig. Die Rindensubstanz stark verbreitert, von hellgrau-weisslicher Farbe, normaler Zeichnung, verwaschen. Die Pyramiden von dunkel blauroter Farbe, wenig geschwellt. Mikroskopisch: Trübe Schwellung der Epithelien, partielle Nekrose derselben mit Kalkinfarkt.

Striktur des Ösophagus und Narben im Magen nach Laugenessenzvergiftung.

Der 14 Jahre alte Knabe soll vor 3 Jahren zufällig Laugenessenz getrunken haben, soll seit Jahren gehustet und seit der Vergiftung schwer geschluckt haben. Er stand in den letzten Monaten seiner Lungenkrankheit wegen in Spitalsbehandlung und starb plötzlich.

Die Obduktion ergab Lungentuberkulose und Bronchiektasie als Todesursache; im rechten Anteil des Magens und entsprechend der grossen Kurvatur eine thalergrosse flache und glatte Narbe, gegen welche die Magenfalten strahlig eingezogen sind, ferner eine 3 cm lange narbige Striktur im unteren Drittel des Ösophagus mit verdickten, sehr derben Wänden, durch welche eine 2 mm dicke Sonde leicht eingeführt werden konnte. Oberhalb der Striktur ist die Speiseröhre erweitert und die Schleimhaut hie und da von oberflächlichen narbigen Streifen durchzogen.

Fig. 186.

Fig. 187.

Ösophagusstriktur nach Laugenessenzvergiftung. Perforation der Speiseröhre durch die Schlundsonde.

Das $1^3/_4$ Jahre alte Kind hatte 5 Wochen vor seinem Tode Laugenessenz getrunken, welche von der Mutter auf einer Bank stehen gelassen worden war. Es wurde kein Arzt geholt, sondern dem Kinde Milch, Öl etc. gegeben, wonach das Erbrechen aufhörte und der Zustand des Kindes sich gebessert haben soll. In der letzten Zeit wurde jedoch die Speisenaufnahme immer schwieriger, so dass zuletzt nur Flüssiges geschluckt werden konnte. Nun erst suchten die Eltern ein Kinderspital auf, wo man Geschwüre auf der Zunge und durch Sondierung eine hochgradige Striktur der Speiseröhre vorfand, welche man erst nach wiederholten Versuchen zu passieren vermochte.

Sofort nach der Sondierung war das Kind unruhig, verfiel rasch im Laufe des Tages und starb am selben Tage unter Erstickungserscheinungen.

Bei der Sektion zeigte das stark abgemagerte Kind ausser zwei kleinen flachen Geschwürchen an der Zunge, weder im Mund noch im Schlund auffallende Befunde. Das rechte Zwerchfell war kuppelförmig gegen die Bauchhöhle vorgedrängt und schwappte. Der rechte Brustraum enthielt an 200 gr einer gelblichen, molkig trüben Flüssigkeit, welche sich als vorzugsweise aus Milch bestehend erwies. Die Lunge war verdrängt und fleischartig verdichtet mit getrübter Pleura, die linke lufthaltig. Der Magen ohne auffällige Veränderung, die Schleimhaut blass, ohne Narben.

Die Speiseröhre in ihrem oberen Drittel leicht erweitert, ihre Schleimhaut blass, mit verdicktem Epithel und im unteren Anteil von oberflächlichen narbigen Zügen durchsetzt. Von da an ist die Speiseröhre ziemlich gleichmässig narbig verdickt und in dem Grade narbig verengt, dass man nur mit der stumpfen Branche einer kleinen Schere in dieselbe gelangen kann. Am Anfang dieser Verengerung findet sich in der rechten Wand ein 1 cm langer, quergestellter Schlitz in der Schleimhaut, mit ziemlich scharfen, geröteten, aber nicht suffundierten Rändern, welcher in einen vorn aufgeschlitzten, bleistiftdicken, 4 cm langen Kanal führt, der hinter der Schleimhaut ins submucöse Zellgewebe und dann parallel dem Ösophagus nach abwärts führt, dann mit einer bohnengrossen fetzigen und missfärbigen Öffnung unterhalb des Hylus der rechten Lunge die Pleura durchbohrt und in der linken Pleurahöhle endet.

Das Gutachten lautete:

1. Das Kind hat vor längerer Zeit eine Verätzung der Speiseröhre erlitten und es widerspricht nichts der Angabe, dass dieselbe durch zufälliges Trinken von sog. Laugenessenz veranlasst worden ist.

2. Als Folge dieser Verätzung hat sich eine hochgradige narbige Verengerung der Speiseröhre entwickelt.

3. Beim Versuche der Wegbarmachung dieser Verengerung mittels Einführung einer Sonde wurde die Speiseröhre perforiert, so zwar, dass die Sonde die Schleimhaut unmittelbar über dem Beginn der narbigen Verengerung durchbohrte und in den rechten Brustraum eindrang, weshalb dann die eingegossenen oder geschluckten Flüssigkeiten in die Brusthöhle hineingelangten und so Erstickung bewirkten.

4. Da die Striktur eine hochgradige und ihre Passierung auch für den Geübten eine sehr schwierige und doch absolut notwendig war, und da anderseits die oberhalb der Striktur bestandene Erweiterung der Speiseröhre und die infolge Stagnation der Speisen daselbst eingetretene Erweichung der Speiseröhrenwand den Durchbruch begünstigt haben konnte, so kann nicht behauptet werden, dass die Durchstossung der Speiseröhre im vorliegenden Fall auf einer Fahrlässigkeit resp. auf einen Kunstfehler beruhe; dagegen muss

5. erklärt werden, dass eine entschiedene Vernachlässigung des Kindes stattfand und dass insbesondere der Umstand, dass das letztere erst nach 5 Wochen zur ärztlichen Behandlung gebracht wurde, zum letalen Ausgang des Falles beigetragen hat, weil, wenn das Kind rechtzeitig behandelt worden wäre, die narbige Verengerung der Speiseröhre keinen so hohen Grad erreicht haben würde, wie dieses faktisch der Fall war.

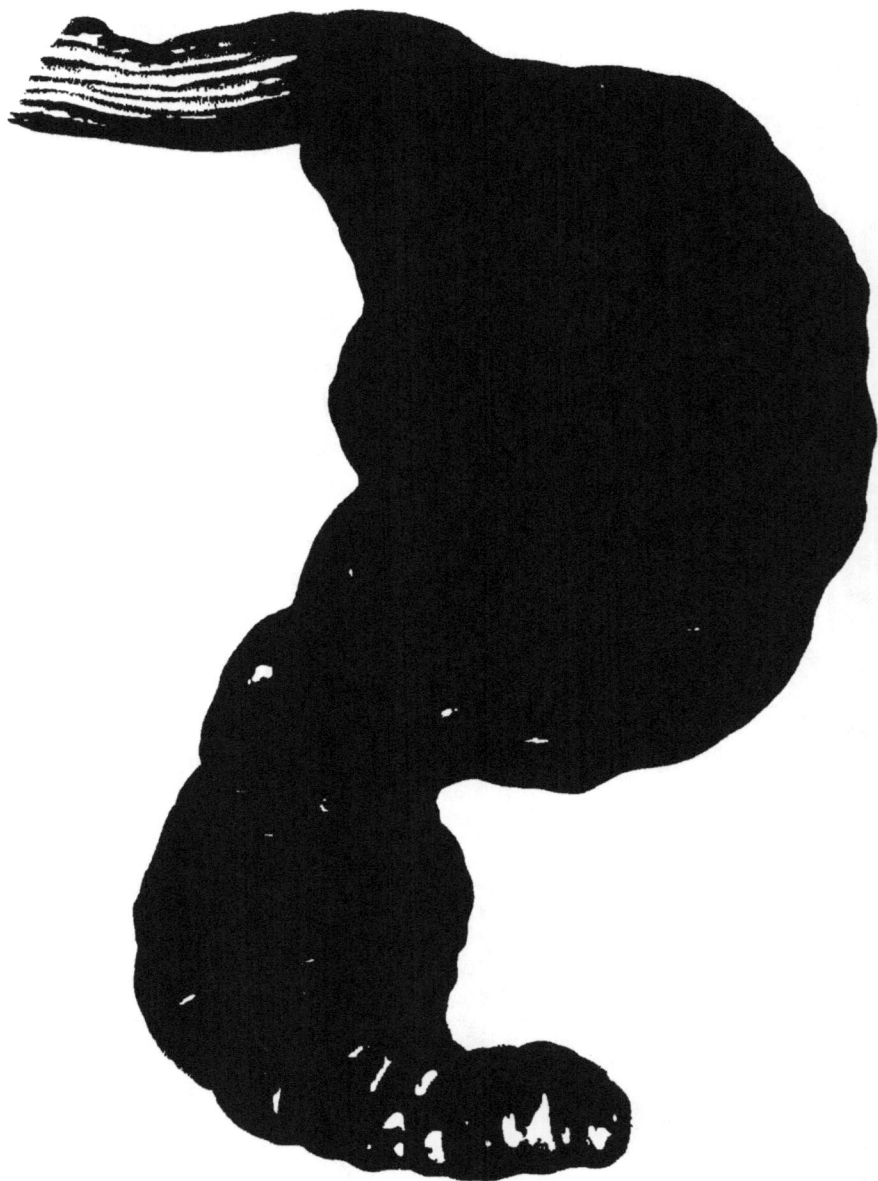

Erklärung zu Tafel 45.

Cyankaliumvergiftung.

Durch die Verbindung des Cyans mit Ätzkali zu Cyankalium verliert letzteres keineswegs seine bekannten Eigenschaften. Daher kommt es, dass das Cyankalium seinen scharf alkalischen Geschmack behält, stark alkalisch reagiert und ebenso wie das Ätzkali die Eiweisskörper löst, die Gewebe zum Quellen bringt und aufhellt und das Blut nicht bloss zersetzt, sondern auch den Farbstoff löst, der sich dann in die gequollenen Gewebe inbibiert, doch mit dem Unterschiede, dass die Blutlösung nicht wie nach Einwirkung von Ätzkali eine braune oder schwarzbraune, sondern eine auffallend rote oder braunrote Farbe besitzt, welche Färbung auf einer spezifischen Einwirkung des Cyans, auf Bildung von Cyanhämatin beruht.

Infolge dieser Einwirkungen ist, wie die beiliegende Abbildung zeigt, der Sektionsbefund im Magen bei einer typischen Cyankaliumvergiftung ein sehr charakteristischer und auffallender.

Wir finden den Magen meist kontrahiert mit verdickt durchzufühlenden Wandungen. In demselben in der Regel grössere Mengen fadenziehenden, stark blutigtingierten, seifenartig schlüpfrigen, stark alkalisch reagierenden Schleims. Die Schleimhaut meist überall, insbesondere in den abwärtigen Partien diffus blutrot oder braunrot gefärbt, stark gequollen und auf der Höhe der Falten transparent, überall seifenartig schlüpfrig, welche Veränderung sich durch die ganze Dicke der Schleimhaut bis in das submucöse Zellgewebe erstrecken kann und auch ins Duodenum, seltener darüber hinaus, mitunter auch in den Ösophagus und bis in den Schlund hinauf (s. Tafel 46) sich verfolgen lässt.

Die erste von diesen Veränderungen und diejenige die sicher noch während des Lebens entsteht, ist die starke Hyperämie der Magenschleimhaut, die wahrscheinlich auch mit Ecchymosenbildung einhergeht; die weiteren Befunde, nämlich die Lösung des Blutfarbstoffes und die diffuse Imbibition der inneren Magenwand mit diesem, sowie die Quellung der letzteren kommt ihrer Natur nach erst postmortal durch längere Einwirkung der Cyankaliumlösung auf den hyperämischen Magen zu Stande und man findet sie daher nicht, wenn man z. B. durch Cyankalium vergiftete Versuchstiere sofort nach der Tötung obduciert. Auch kann man sich überzeugen, dass diese diffuse Rötung und Quellung sich ebenfalls bildet, wenn man einen beliebigen hyperämischen Magen mit Cyankaliumlösung füllt und erst am nächsten Tage wieder untersucht.

Anderseits geht aus dem Gesagten hervor, dass die erwähnten auffallenden und charakteristischen Befunde sich nur dann ergeben werden, wenn das Cyankalium unzersetzt zur Wirkung gekommen ist, dass sie aber ausbleiben, wenn, was leicht geschehen kann, die Substanz durch das Vehikel oder durch den Mageninhalt zersetzt worden ist.

Da nämlich die Verbindung des Cyans mit dem Kaliumhydroxyd eine so lockere ist, dass schon die schwächsten Säuren, z. B. Kohlensäure, Weinsäure, Essigsäure die Verbindung aufheben, das Cyan austreiben und mit dem Kaliumhydroxyd das betreffende Salz bilden, dem die obenerwähnten laugenhaften Eigenschaften nicht mehr zukommen, so wird die gleiche Zersetzung eintreten, wenn das Gift in einem saueren Vehikel genommen wurde oder wenn zur Zeit der Ingestion sauerer Inhalt im Magen gewesen war und die Entwicklung der beschriebenen Befunde wird desto vollständiger ausbleiben, je intensiver die Zersetzung gewesen ist.

In solchen Fällen handelt es sich dann, trotzdem Cyankalium genommen wurde, doch nur um eine Blausäurevergiftung, die bekanntlich keine auffällige organische Veränderung erzeugt und nur durch den eigentümlichen Geruch und durch chemische Untersuchung erkannt werden kann.

Erklärung zu Tafel 46.

Rachen, Schlund und Kehlkopfeingang nach Cyankaliumvergiftung.

Die Schleimhaut ist überall gleichmässig blutig durchtränkt, stellenweise mit gelblicher, wahrscheinlich von Galle herrührender Färbung, stark geschwellt und gelockert, und war mit glasigem, seifenartig schlüpfrigem und stark alkalisch reagierendem Schleim belegt.

Dieser Befund ist bei der typischen, das heisst mit durch Säuren nicht zersetztem Cyankalium zu Stande gekommenen Vergiftung häufig und erklärt sich daraus, dass durch Erbrechen oder Würgebewegungen ein Teil des stark alkalischen Mageninhaltes in den Rachen, eventuell auch in die Lungen hineingelangt und dort postmortal die gleichen Veränderungen erzeugt, wie sie bei der typischen Cyankaliumvergiftung an der Magenschleimhaut geschehen. S. Tafel 45

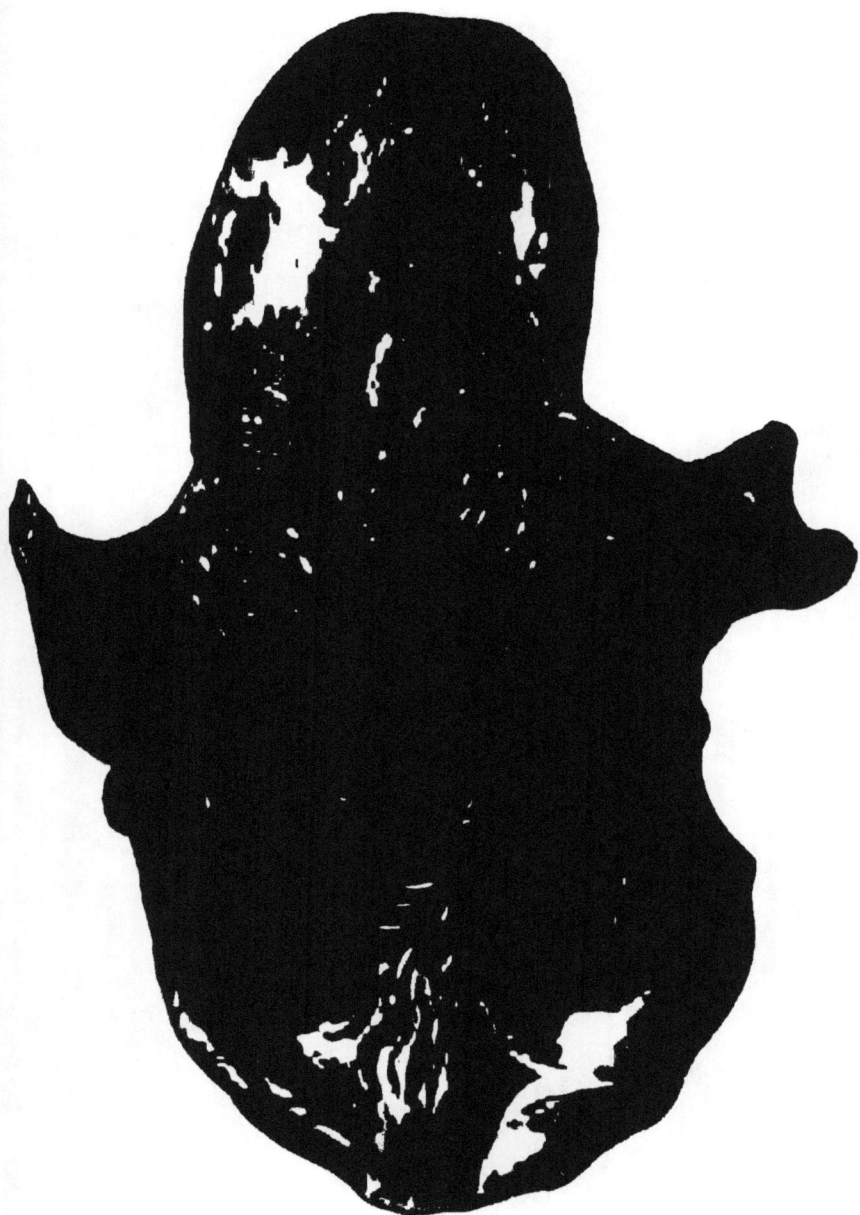

Tab

Erklärung zu Tafel 47.

Subakute Phosphorvergiftung.

Die 46jährige Schuhmachersgattin hatte in der letzten Zeit einen geistesgestörten Eindruck auf ihre Umgebung gemacht, weinte viel und zeigte eine übertriebene Frömmigkeit. Auch hatte sie wiederholt geäussert, sie wolle sterben und werde sich das Leben nehmen. Am 3. Februar liess sie sich versehen und auf den Hinweis, dass sie ja gesund sei, meinte sie: « man könne nicht wissen, was in einer Stunde geschieht. Mittag liess sie sich eine Speise holen, in welche sie etwas hineinthat, was sie dann ihrem Manne leugnete. Seitdem war sie krank und soll wiederholt erbrochen haben. Ein am 5. Februar geholter Arzt fand die Frau verfallen und konstatierte Rasselgeräusche auf der Brust. Er verfügte die Übertragung ins Spital, woselbst man Ikterus, grosse Muskel- und Herzschwäche und erschwertes Atmen und Rasselgeräusche, Erbrechen kaffeesatzfärbiger Massen und Stuhlverhaltung konstatierte. Es wurde der Verdacht auf Phosphorvergiftung ausgesprochen und, obgleich die Frau leugnete etwas Verdächtiges genommen zu haben, Phosphor zwar nicht im Erbrochenen, aber in den mittelst Klysma entleerten Exkrementen nachgewiesen. Unter zunehmendem Collapsus starb die Frau am 7. Februar.

Die am 10. Februar vorgenommene Sektion ergab Ikterus und nach gemachtem Längsschnitt entlang der Wirbelsäule, Infiltration des Zellgewebes mit ikterischem Serum und massenhafte bis thalergrosse Ecchymosen im subkutanen und intermuskulären Bindegewebe. Vor Mund und Nase kaffeesatzfärbige, sauer reagierende Flüssigkeit, ebenso auch im Magen und oberen Dünndarm. Die Schleimhaut der Schlingorgane ohne auffällige Veränderung. Jene des Magens trüb geschwellt, mit zahlreichen, kaffeesatzfärbigen Flocken belegt, ebenso die Schleimhaut des oberen Dünndarms, jene des unteren und des Dickdarms unverändert. Im Dickdarm reichliche, lehmfarbige, geballte Fäkalien.

Die Muskulatur des Stammes und der Extremitäten grösstenteils matsch und bleich und, wie die mikroskopische Untersuchung zeigt, fast überall teils körnig, teils fettig degeneriert. Im subkutanen und intermuskulären Bindegewebe, besonders der abhängigen Partien, vielfache bis über bohnengrosse Blutaustritte.

Dura mater blutreich, ikterisch, an ihrer Innenfläche eine zarte, feine, vaskularisierte, mit kleinen, frischen Blutaustritten durchsetzte, abziehbare Auflagerung. Innere Meningen an der Konvexität verdickt und mit gelblichem Serum infiltriert. Gehirn zäh mit verschmälerten Scheitelwindungen.

Die linke L u n g e frei, die rechte partiell angewachsen, beide mit zahlreichen bis bohnengrossen Ecchymosen am Hylus und unter dem hinteren Pleuraüberzuge. Am Schnitt blutreich, überall lufthältig, mit Schleim in den Bronchien.

Im vorderen, vorzugsweise aber im hinteren M e d i a s t i n a l r a u m massenhafte, über bohnengrosse, vielfach konfluierende Blutaustritte.

Das H e r z von gewöhnlicher Grösse, teigig, äusserlich und am Schnitt lehmfarbig. Unter dem Epicarp und in der Adventitia der grossen Gefässe zahlreiche, bis bohnengrosse Ecchymosen. Klappen und Intima aortæ normal. Das Herzfleisch fettig degeneriert, leicht zerreisslich. Auch unter dem linken Endocard einzelne bis linsengrosse Ecchymosen.

L e b e r und N i e r e n vergrössert, gleichmässig fettig degeneriert siehe nächste Tafel.

In den N e t z e n und G e k r ö s e n, besonders in den hinteren Partien der letzteren, massenhafte bis guldengrosse Ecchymosen.

—————————

Das beschriebene Sektionsbild Ikterus, akute fettige Degeneration der Organe, trübe Schwellung der Magenschleimhaut mit kaffeesatz-farbigem Mageninhalt und starke Ecchymosenbildung in sämtlichen, lockeren Zellgewebsschichten, insbesondere in den abhängigen Partien ist für die subakute d. h. erst nach mehreren Tagen letal verlaufene Phosphorvergiftung typisch und gestattet für sich allein die Diagnose, auch wenn, wie im vorliegenden Falle, an der Leiche kein Phosphor mehr im Darminhalt nachgewiesen werden konnte.

Offenbar wurde das Gift in der Form von Zündhölzchenköpfchen und zwar am 3. Februar genommen, so dass die gesamte Krankheits-dauer 4 Tage betrug. Der Selbstmord war zweifellos und auch die Vermutung, dass die Untersuchte geistesgestört gewesen war, fand durch den Nachweis einer Pachymeningitis vasculosa und von Erscheinungen von Hirnatrophie ihre Bestätigung.

a

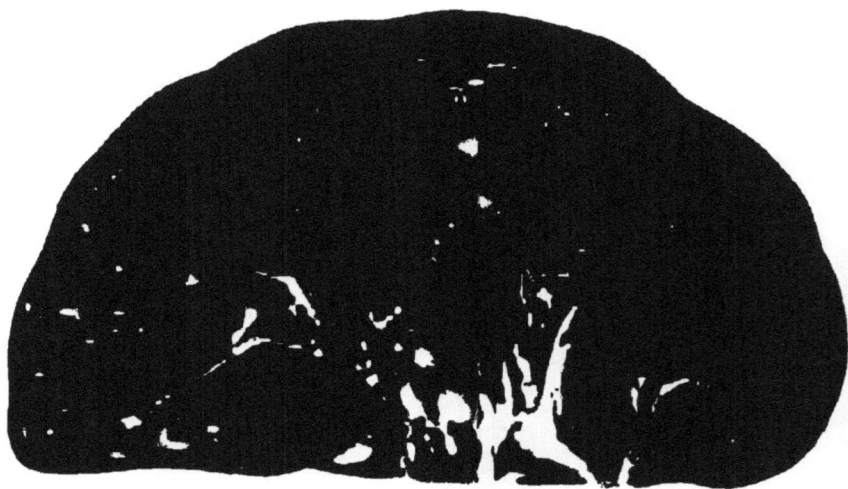

b

Erklärung zu Tafel 48.

Fig. a. Leber nach subakuter Phosphorvergiftung.

Die Leber ist vergrössert, äusserlich etwas teigig anzufühlen, fast gleichmässig fettgelb mit injicierten Gefässchen, am Durchschnitt ebenfalls fettgelb mit vergrösserten Acinis, in deren Mitte die intraacinösen Gefässe und Reste noch erhaltener brauner Lebersubstanz zu erkennen sind.

Unter dem Mikroskop waren die Leberzellen vergrössert und abgerundet mit grösseren und kleineren Fettropfen gefüllt.

Fig. b. Niere nach subakuter Phosphorvergiftung.

Die Niere ist vergrössert bleichgelb. Die Rindensubstanz ist sichtlich verbreitert, fast gleichmässig fettgelb, stellenweise die injicierten interstitiellen Gefässe und Glomeruli erkennbar. Die Pyramiden bleichgelb und rötlich gestreift, ebenfalls verbreitert. Im Nierenbecken verwaschene Ecchymosen, welche im Zellgewebe des Hylus reichlich vorhanden waren.

Mikroskopisch ergab sich hochgradige akute fettige Degeneration sämtlicher Epithelien.

Erklärung zu Tafel 49.

Akute Arsenikvergiftung. Giftmord. Magen.

Am 5. Juni 1896 wurde die Leiche der 29 Jahre alten Holz-
händlersgattin Marie S. zur sanitätspolizeilichen Obduktion behufs Konstatierung der Todesursache eingebracht. Laut polizeiärztlicher Anzeige
soll dieselbe am 26. Mai mit ihren zwei Kindern nach dem Genusse
einer Wurst erkrankt sein. Während die Kinder nach Erbrechen und
Kopfschmerzen rasch genasen, nahm die Erkrankung bei der Frau
brechdurchfallartigen Charakter an und führte am 4. Juni zum Tode.
Eine systematische ärztliche Behandlung hatte nicht stattgefunden,
eine Krankengeschichte lag daher nicht vor.

Die Sektion ergab leichten aber deutlichen Ikterus und hypostatische Hyperämie in den Lungen, keine auffallenden Veränderungen
im Rachen und im Ösophagus. Mässige Hyperämie und Schwellung
der Schleimhaut des Kehlkopfes und der Luftröhre. Schlaffes, dünn-
wandiges Herz, die Muskulatur von gelbbrauner Farbe, leicht zerreisslich,
die Querstreifung mikroskopisch nicht erkennbar, die Muskelsubstanz
hochgradig körnig getrübt. Ebenso zeigten Leber und Nieren hochgradige körnige Degeneration, trübe Schwellung.

Der Magen war mässig ausgedehnt, schlaff, an den Kurvaturen
stärker injiziert, sonst äusserlich nicht auffallend verändert und enthielt
etwa 180 ccm wässerige, trübe, leicht blutig tingierte schmierige Flüssigkeit ohne auffälligen Geruch und ohne auffällige Beimengungen. Seine
Innenwand ist, wie das beiliegende Bild zeigt, überall und in allen
Schichten stark geschwellt und gelockert, gerötet, welche Rötung sich
bei näherer Untersuchung als feinste Injektionsröte herausstellt, die
namentlich die Höhe der Falten betrifft und dort vielfach mit einer
dichten punktförmigen Ecchymosierung sich verbindet. Besonders
auffallend ist sowohl Rötung als Schwellung im Magengrund, sowie
an der Hinterwand des Magens und entsprechend der Mitte der grossen
Kurvatur, woselbst umschriebene bis bohnengrosse, aus grösseren,
dicht beisammenstehenden und vielfach konfluierenden Ecchymosen
gebildete Stellen sich befinden, über welchen das Epithel abgängig ist.
Diesen Stellen und ihrer Nachbarschaft liegt eine hellgelbe, feine, weiche
Substanz auf, welche sich schmierig anfühlt und weder makroskopisch
noch mikroskopisch sandige oder krystallinische Partikel erkennen
lässt. Auch in dem in ein Spitzglas gebrachten Mageninhalt resp.
in dem daraus erhaltenen Sedimente waren keine solche Partikel
nachweisbar.

Nicht minder auffallend war der auf Tafel 50 dargestellte
Befund an und in den Gedärmen, speziell am Dünndarm.

Vide nächstes Blatt.

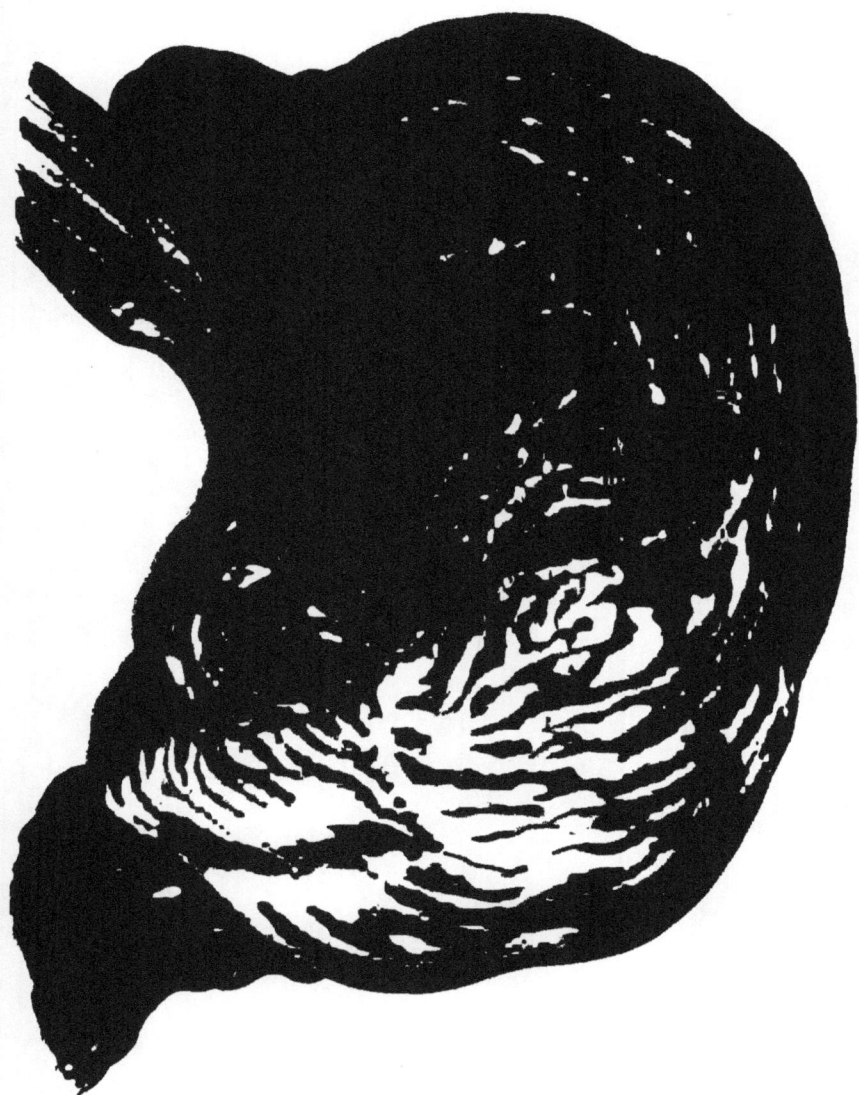

Tab. 50.

Lith.Anst. v. F. Reichhold, München

Erklärung zu Tafel 50.

Akute Arsenikvergiftung. Dünndarm.

Der Dünndarm erscheint auffallend schwappend und enthält seiner ganzen Länge nach grosse Mengen wässerigen, molkig getrübten, reiswasserähnlichen Inhalts. Die Darmwand erscheint, wie an dem unterbundenen Stücke der abgebildeten Darmschlinge zu sehen ist, äusserlich glatt, doch leicht getrübt und auffallend blassviolett, welche Färbung teils durch eine feine und dichte Injektion der Darmgefässe, insbesondere der subperitonealen, teils durch eine seröse Infiltration der Darmschichten bewirkt wird. Nach Eröffnung des Darms zeigt sich die Schleimhaut ebenfalls doch blässer violett, fein injiciert, mit desquamiertem Epithel und überall schlotternd ödematös und leicht getrübt. Im Dickdarm wässerig-schleimiger Inhalt in mässigen Mengen, die Schleimhaut ebenfalls gelockert. Die Darmdrüsen geschwellt, doch nicht infiltriert.

Von den übrigen Befunden ist noch die theerartige Beschaffenheit (Eindickung) des Blutes, die Trockenheit der Gewebe und die Leere der Harnblase zu erwähnen.

Der anatomische Befund entsprach somit einer diffusen akuten Gastroenteritis und zwar in einer Form, wie sie auch nach sog. Wurstvergiftung, aber auch nach Arsenikvergiftung und bei Cholera, asiatica sowohl als nostras, vorkommen kann. Eine positive Entscheidung nach der einen oder anderen Richtung konnte nur durch die bakteriologische und chemische Untersuchung gebracht werden, doch wurde mit Rücksicht auf das ziemlich charakteristische Obduktionsbild der Verdacht ausgesprochen, dass es sich um eine Arsenikvergiftung handeln könne.

In der That fiel die bakteriologische Untersuchung der reservierten Eingeweide negativ aus, während die chemische Untersuchung in allen Teilen «ansehnliche Mengen» Arsen nachwies, was, obgleich eine quantitative Bestimmung nicht vorgenommen wurde, umsoweniger die Arsenikvergiftung bezweifeln liess, als die Krankheitsdauer 7 Tage betrug, während dieser Zeit starkes Erbrechen und sehr starke Diarrhoen eingetreten waren und trotzdem nicht bloss Spuren, sondern «ansehnliche Mengen» von Arsen nachgewiesen wurden,

Auch fanden sich in den aus dem Reiswasserinhalt des Darms abgeschiedenen Sedimenten in vereinzelten Flocken eingebettete mikroskopische, oktaedrische, weisse Krystalle mit abgestumpften Kanten

(Tafel 50 rechts unten), welche das makroskopische Bild der Arsenik-krystalle zeigten und auch chemisch sich als solche erwiesen.

Durch die weiteren Erhebungen wurde konstatiert, dass die An-gabe, die Frau samt den Kindern wäre am 26. nach dem Genusse einer Wurst erkrankt, von dem Gatten herrührte, aber nicht auf Wahr-heit beruhe, da die betreffende Wurst schon Tags vorher und ohne allen Nachteil genossen wurde, dass vielmehr die genannten Personen erst am nächsten Tage nach dem Mittagmahl erkrankten, dass der Mann bereits zum 3. Male verheiratet war, dass die 2 früheren Frauen immer rasch und unter verdächtigen Umständen gestorben waren und dass er bereits wieder mit einer Verwandten ein Liebesverhältnis unter-hielt und derselben nach dem Tode seiner Frau die Ehe versprochen habe. Auch wurde bei der Lokalkommission in der Wohnung des Inculpaten ein Päckchen unter einem Steine versteckt gefunden, welches Arsenik enthielt. Schliesslich gestand S. thatsächlich, am 27. Mai seiner Frau Arsenikpulver auf das Fleisch gestreut zu haben, von welchem die Frau auch den Kindern, da sie darnach verlangten, etwas gegeben haben soll, was er nicht mehr zu verhindern vermochte.

Später widerrief S. dieses Geständnis. Doch wurde auch in der exhumierten Leiche seiner vorletzten vor 3 Jahren verstorbenen Frau Arsen nachgewiesen, worauf aber deshalb kein allzu grosses Gewicht gelegt werden konnte, da die Friedhoferde stark arsenhaltig gefunden wurde.

S. wurde wegen Giftmord zum Tode verurteilt.

Erklärung zu Tafel 51.

Kohlenoxyd-(Kohlendunst)-Vergiftung.

Die hier abgebildete Frau wurde, bloss mit einem Hemde und
Unterrock bekleidet, am 6. November Vormittags vor ihrem Bette auf
dem Gesichte liegend tot aufgefunden. In der kleinen Kammer stand
ein Becken mit halbverbrannten Holzkohlenresten, womit sie sich zu
wärmen pflegte.

An der Leiche fällt sofort die eigentümliche Hautfarbe auf, welche
entsprechend der Bauchlage, in welcher der tote Körper offenbar durch
längere Zeit sich befand, vorzugsweise auf der Vorderfläche ausgebildet
war, wobei einzelne Partien, mit welchen die Leiche direkt auflag, die
daher stärker gedrückt wurden, insbesondere einzelne vorspringende
Stellen im Gesicht sowie die Vorderfläche beider Schultern und der
Brustdrüsen, durch ihre bleiche Färbung von der Umgebung abstechen.

Die Hautfarbe ist auffallend hellrot mit einem Stich ins karmin-
farbige und erinnert an die Farbe einer stark aufgetragenen roten
Schminke und auch die sichtbaren Schleimhäute, insbesondere die
Konjunktiven und die Lippen, welche zu diesem Behufe auf dem Bilde
etwas nach aussen umgestülpt sind, sind auffallend hellrot gefärbt.
Ebenso wie die allgemeinen Decken waren auch die inneren Organe,
insbesondere die an und für sich helleren auffallend rot gefärbt und
das in den Gefässen enthaltene Blut kirschrot und flüssig. Dies war
namentlich an den Hirnhäuten und am Gehirn zu bemerken, indem
erstere hochrot injiciert und beide Hirnsubstanzen sichtlich rötlich
gefärbt waren, wobei das Blut aus den Gefässen der Schnittflächen
sich in Form hochroter Tropfen und Tröpfchen entleerte.

Die Diagnose einer Kohlenoxydvergiftung war durch diese Befunde,
insbesondere im Zusammenhalte mit den Umständen des Falles klar
und wurde überdies durch die Blutuntersuchung bestätigt, welche ergab,
dass das mit Wasser verdünnte Blut vor dem Spektralapparat zwar
zwei Absorptionsstreifen im grünen Teile des Spektrums zeigte, die sich
nicht wesentlich von jenen des Oxyhämoglobins unterschieden, dass
aber dieselben, nicht wie dies bei letzteren geschieht, nach Zusatz von
Schwefelammonium in e i n e n zusammenflossen, sondern sich erhielten,
wie dies beim Kohlenoxydhämoglobin der Fall ist. Auch blieb das
Blut, wenn einige Tropfen davon auf einer weissen Schale mit einigen
Tropfen Natronlauge versetzt wurden, schön rot, während gewöhnliches

Blut nach solchem Zusatz seine rote Farbe verliert und grünlich missfärbig wird.

Dass die Vergiftung durch Kohlendunst und nicht durch Leuchtgas veranlasst worden war, dafür sprach das in der betreffenden Kammer gefundene Kohlenbecken und die Abwesenheit des Leuchtgasgeruches.

Am Nasenrücken der Frau nahe der Nasenwurzel fand sich eine $2^1/2$ cm lange, unregelmässig schlitzförmige Trennung der Haut mit etwas gequetschten Rändern und unregelmässigem, mit hellrotem Blut suffundiertem Grunde ohne tiefere Verletzung, aus welcher sich, ebenso wie aus Mund und Nase Blut entleert hatte und nach rechts abgeflossen war, woselbst es in Form teilweise verzweigter Streifen angetrocknet ist. Die Verletzung ist offenbar eine sog. agonale, welche beim Eintritt der Bewusstlosigkeit durch Hinstürzen auf das Gesicht entstanden ist.

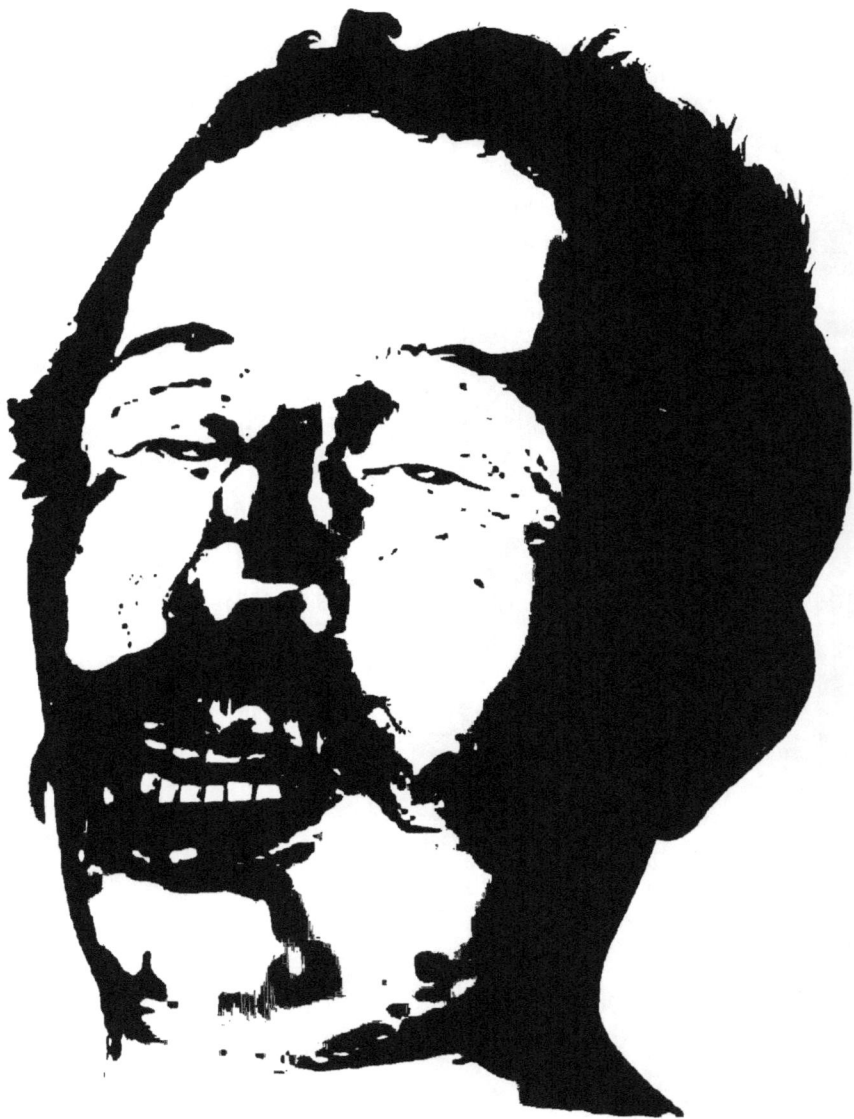

Erklärung zu Tafel 52.

Agonale Verletzungen im Gesichte.

Die Abbildung liefert ein lehrreiches Beispiel von sog. agonalen, d. h. durch Zusammenstürzen aus einer anderen Todesursache veranlassten Verletzungen, die eine grosse gerichtsärztliche Bedeutung besitzen, weil sie für während des Lebens und durch fremde Hand entstandene Traumen und selbst für die eigentliche Todesursache gehalten werden können.

Im vorliegenden Falle ist das Aussehen des Gesichtes in der That ein solches, dass man insbesondere bei unbekannten oder gar verdächtigen Umständen Verstorbenen zunächst daran denken würde, dass mehrfache Traumen gegen Kopf und Gesicht stattgefunden haben und dass der Mann eines gewaltsamen Todes gestorben ist.

Man findet vor Mund und Nase reichliches geronnenes, teils frisches, teils angetrocknetes Blut und das Gesicht in der Umgebung von Mund und Nase mit Blut wie bespritzt. Der Nasenrücken ist geschwellt und insbesondere über den Nasenbeinen blaurot verfärbt, vorgewölbt, teigig und, wie sich beim Einschneiden ergab, mit frisch geronnenem Blut stark suffundiert, darunter die vorderen Enden der Nasenbeine splitterig gebrochen. An der linken Wange sieht man eine über bohnengrosse, braunrot vertrocknete, unregelmässige Hautaufschürfung, welcher beim Einschnitt ein fast thalergrosser Austritt geronnenen Blutes im Unterhautgewebe entspricht. Schliesslich ist die Unterlippe geschwellt und suffundiert und in der Mitte derselben sind, den Schneidezähnen entsprechend, am Lippenrand eine und an der Innenfläche der Lippe zwei unregelmässige, bis ½ cm lange Trennungen der Schleimhaut mit gequetschten Rändern und unregelmässigem blutigen Grund zu bemerken. Auch nach aussen vom linken Stirnhöcker finden sich zwei bohnengrosse gequetschte, leicht suffundierte Stellen.

Trotz dieser auffallenden Befunde handelte es sich nur um zufällige, durch Zusammenstürzen aus einer natürlichen Todesursache veranlasste Verletzungen.

Der Mann, ein 53 jähriger Hausbesorger, war mittags auf der belebten Gasse plötzlich zusammengestürzt, wobei er, wie Zeugen sahen, mit dem Gesichte auf das Strassenpflaster fiel und war wenige Augenblicke darnach gestorben. Die Anamnese ergab, dass er schon seit mehreren Jahren krank und bereits dreimal vom Schlage gerührt worden war und seitdem rechts gelähmt gewesen ist.

Bei der Obduktion fand sich ein gänseeigrosser, frischer, den rechten Linsenkern und die innere Kapsel zerwühlender und in die Seitenkammern durchbrochener apoplektischer Herd und eine grosse apoplektische Narbe im linken Linsenkern, welche die ganze Länge des letzteren durchsetzte und in der Mitte eine quergestellte Ausbreitung besass.

Ausserdem fand sich Arteriosklerose, chronische Nephritis und eine beträchtliche Hypertrophie des linken Herzens.

Würde der Mann im Momente, wo er auf einer Höhe stand, vom plötzlichen Tode ereilt worden sein, so hätten noch schwerere Verletzungen durch den Sturz entstehen können, z. B. auch Schädelfissuren oder Frakturen, und die Möglichkeit, dass in solchen Fällen die sekundär resp. agonal entstandenen Verletzungen als die eigentliche Todesursache aufgefasst werden könnten, liegt um so näher, je schwerer dieselben waren und je mehr durch sie die eigentliche Todesursache verdeckt wird, wobei noch der Umstand hinzukommt, dass solche agonale Verletzungen in der Regel mit deutlicher Suffusion und anderen Zeichen vitaler Reaktion verbunden sind und daher vital entstandene Verletzungen vortäuschen können.

Erklärung zu Tafel 53.

Abnorme Lagerung der Totenflecke wegen Bauchlage.

Der Fall betrifft die Leiche einer jungen Frau, welche in ihrem Zimmer bekleidet am Bauche liegend und starr gefunden wurde. Die Frau lebte allein und war seit 24 Stunden nicht mehr gesehen worden. Sie soll seit 2 Wochen über Magenschmerzen geklagt und schlecht ausgesehen haben, hatte jedoch wiederholt ihre Wohnung verlassen.

Die Leiche fiel durch die stark violette Färbung der Vorderfläche auf, während die Hinterfläche die gewöhnliche Leichenblässe zeigte. Die violette Färbung war im allgemeinen diffus, aber über der Brust und dem oberen Anteil des Bauches, sowie im schwächeren Grade an der Vorderfläche der Oberschenkel von zahlreichen, vielfach und unregelmässig sich kreuzenden, längeren und kürzeren, blassen Streifen durchzogen, welche sonst keine Veränderungen in der Haut zeigten, ziemlich scharf begrenzt waren und auffallend von der lividen Umgebung abstachen. Die lividen Partien selbst waren auf der Höhe der vorderen Körperfläche am dunkelsten gefärbt und gingen nach hinten allmählig in die ganz blassen Partien der hinteren Körperfläche über, was allerdings auf dem Bilde des zu stark aufgetragenen Schattens wegen nicht zu erkennen ist. Auch waren diese lividen Hautstellen in von der Brust- und Bauchhöhe gegen die Seiten abnehmendem Grade von massenhaften, kaum sichtbaren und von einzelnen punktförmigen Ecchymosen durchsetzt. Das Gesicht, besonders dessen linken Seite, war ebenfalls schmutzig violett. Die Konjunktiven waren stark injiciert, jedoch ohne Ecchymosen.

Es handelte sich somit nur um eine abnorme Verteilung der Totenflecke, die dadurch zu Stande gekommen war, dass die Leiche längere Zeit (etwa 12—24 Stunden) auf dem Bauche gelegen ist, was man aus dem erwähnten Befunde auch dann hätte erkennen können, wenn in letzterer Beziehung nicht positive Angaben vorgelegen wären. Die blassen, vielfach sich kreuzenden Streifen sind durch die Kleiderfalten entstanden und bilden gewissermassen den Abdruck der zur Zeit des Todes getragenen Kleidungsstücke.

Die Obduktion ergab eine umschriebene Pneumonie im rechten Oberlappen, einen akuten Milztumor, starke, markige Schwellung der Mesenterialdrüsen und der Payer'schen Plaques mit beginnender Schorfbildung in diesen und parenchymatöse Degeneration (trübe Schwellung) der parenchymatösen Organe, somit — Abdominaltyphus als Todesursache, welcher in seiner Entwicklung der zweiten Woche entsprach und unter der Form des Typhus ambulatorius verlaufen war.

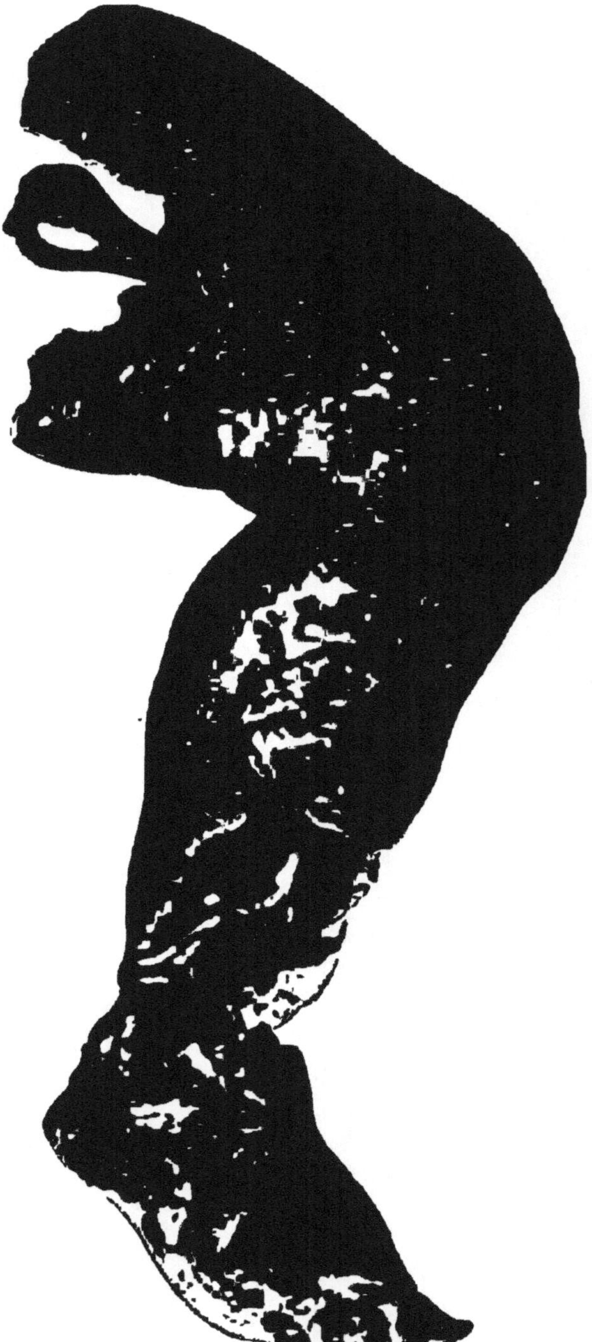

Die übrige Obduktion ergab noch ziemlich frische, innere Organe, lufthältige Lungen und einige Luftbläschen im Magen. Die Todesursache war nicht nachzuweisen. In den unteren Ansatzknorpeln der Oberschenkelknochen ein 5 mm breiter Knochenkern.

Was die zahlreichen, schlitzförmigen Hautverletzungen am Unterkörper betrifft, so war, da sie keine Spur von vitaler Reaktion zeigten, zunächst klar, dass sie erst postmortal entstanden sind und ebenso ging aus ihrer Beschaffenheit und Anordnung, welche vielfach an die auf Figur 107 dargestellten mit einem konischen Stachel erzeugten Öffnungen erinnerte, hervor, dass man es mit einer Art Stichwunden zu thun habe, die mit spitzigem, aber nicht schneidigem Instrumente zugefügt worden sind. Es wurde zunächst daran gedacht, dass sie beim Hineinwerfen der Kindesleiche in die Taxuspyramide durch die Nadeln des Strauches entstanden, später kamen wir aber, besonders mit Rücksicht auf uns bereits wiederholt an faulen und daher auf dem Wasser schwimmenden Wasserleichen beobachteten analogen Befunden, zur Überzeugung, dass diese Öffnungen durch Vögel mit harten Schnäbeln (Amseln, Raben, Spatzen) veranlasst wurden, welche den von Papier entblössten Unterkörper behackt hatten, wobei einesteils die Spaltbarkeit der Haut, anderenteils die bereits vorgerückte Fäulnis die Bildung jener Öffnungen durch die wiederholten Schnabelhiebe begünstigte.

***

Erklärung zu Tafel 54.

Untere Extremität eines mehrere Monate im fliessenden Wasser gelegenen Neugeborenen mit Fettwachsbildung.

Die äussere Form der Extremität ist erhalten. Bei näherer Besichtigung zeigt sich aber, dass diess nur durch das in eine kalkartige brüchige Masse verwandelte subcutane Fett veranlasst wird, welches kürassartig oder wie eine starre Röhre sich präsentiert, welche nur die blanken, frei beweglichen Knochen und Reste von Sehnen und Bändern enthält, während die Muskulatur fehlt und offenbar durch Maceration verschwunden ist.

Die äussere Fläche des starren Panzers erscheint überall feinhöckerig und die nähere Untersuchung zeigt, dass der Hautüberzug

uberall abgängig ist sowie dass die feinen Höcker oder Körner der
blossliegenden äussersten Schichte des subcutanen Fettgewebes entsprechen. Die von aussen schmutzig gelblich-weisse Masse ist an den
Bruchflächen rein weiss und besteht, wie sowohl die mikroskopische
als chemische Untersuchung erweist, aus krystallisierten Fettsäuren,
schwimmt über Wasser und schmilzt beim Erhitzen.

Diese als **Fettwachs oder Leichenwachs** (Adipocire bezeichnete Masse ist somit nichts anderes als das ursprüngliche Fett,
welches durch Ranzigwerden sich in Glycerin und Fettsäuren zersetzt
hat, von welchen Zersetzungsprodukten das Glycerin und die flüssigen
Fettsäuren weggeschwemmt wurden, während die festen Fettsäuren
sich erhalten haben.

Erklärung zu Tafel 55.

Stück der Bauchhaut einer Leiche, die 2 bis 3 Monate im Wasser gelegen hatte, welches die Bildung der sog. Adipocire demonstriert.

Man sieht im oberen, besonders im rechten Teile des Bildes noch
deutlich erhaltene Reste der macerirten Cutis, an welcher die Epidermis
fehlt. Rechts oben sind nur noch die tieferen Lagen der Cutis vorhanden, in welchen noch deutlich die Haar- resp. Drüsenbälge zu erkennen sind.

An der übrigen Fläche des Präparates fehlt die Cutis bereits vollständig. Sie wird nur von subcutanem Fett gebildet, welches eine
grobkörnige, doch ziemlich gleichförmige Oberfläche zeigt und bereits
eine gewisse Starre darbietet, welche, wie sich unter dem Mikroskop
erkennen lässt, durch Ausscheidung von Fettsäurekrystallen in dem
ursprünglichen Fettgewebe veranlasst wird.

Lith.Anst v. F.? Eichhold . Munchen

Fig. 188.

Fig. 189.

Erklärung zu Fig. 188 und 189.

Fig. 188. Fliegeneier in den Augen- und Mundwinkeln.

In Fig. 188 sehen wir am Kopfe eines einige Wochen alten Kindes, dessen Leiche im August nur einen halben Tag im Freien lag, in sämtlichen Augenwinkeln und in beiden Mundwinkeln weissliche, wie Sägespäne aussehende Anlagerungen, welche bei näherer Besichtigung sich aus zahlreichen, etwa 1 mm langen, ovalen, schmalen und glatten, zerdrückbaren Körperchen erweisen, die, in Häufchen beisammenliegend, den betreffenden Stellen locker anhaften. Es sind dies Fliegeneier, welche von den Fliegen, insbesondere von der Fleischfliege, in der warmen Jahreszeit frühzeitig, häufig gleich nach dem Tode, mitunter sogar schon in der Agonie auf den menschlichen Körper deponiert werden, was instinktiv zunächst auf Schleimhäuten oder in der Nähe derselben geschieht, weil dort die aus den Eiern kriechenden Maden am leichtesten Nahrung finden und in die Tiefe eindringen können.

Die anfangs ebenfalls nur 1—1½ mm langen Maden kriechen gewöhnlich schon im nächsten Tage aus, bewegen sich sehr lebhaft, wachsen ungemein rasch und können, indem immer wieder frische Eier gelegt werden und frische Maden hinzukommen, eine Kindsleiche in 10—14 Tagen bis auf die Haut, Fascien und andere resistente Gebilde aufzehren, ebenso im Freien liegende Leichen von Erwachsenen in 3—4 Wochen. Die ausgewachsenen Maden kriechen in die Erde und unter die Leiche, verpuppen sich in der Regel schon nach 8—10 Tagen und in weiteren 8—10 Tagen kommen aus den Puppen neue Fliegen zum Vorschein.

Fig. 189. Von Ratten abgenagte untere Extremität eines Neugeborenen.

Das linke Bein eines reifen neugeborenen, aus einem Hauskanal 5 Stunden nach einer angeblichen Sturzgeburt herausgezogenen Kindes, dessen Fuss, Unterschenkel und Knie bis über die untere Femurepiphyse hinauf wie skeletiert erscheint, was durch Aufzehrung der betreffenden Weichteile durch Ratten veranlasst worden ist.

Der übrige Körper war vollkommen frisch und der Stumpf der Weichteile des linken Oberschenkels quer abgesetzt, mit feingezackten, wie benagt aussehenden, vollkommen blassen Rändern.

Sonstiger Befund: Kanalstoffe tief in den Bronchien, im Magen und im Duodenum; Ecchymosen an den Lungen und am Herzen, woraus geschlossen werden konnte, dass das Kind lebend in die betreffenden Flüssigkeiten gelangte und darin ertrunken ist.

Bemerkenswert war in diesem Falle, dass die Benagung durch Ratten nur das linke Bein und in so regelmässiger Ausdehnung betraf, und dass dieselbe in einer so kurzen Frist d. h. schon nach 4 Stunden zu Stande kam. Letzteres erklärt sich aber aus der Gefrässigkeit und wahrscheinlich Mehrzahl der Ratten, ersteres daraus, dass, während der übrige Körper von der Jauche bedeckt war nur das linke Bein aus derselben hervorragte und daher diesen Tieren zunächst zugänglich war.

Erklärung zu Fig. 190 und 191.

Untere Körperhälfte der Leiche eines neugeborenen Kindes mit zahlreichen, stichwundenartigen Hautverletzungen.

Am 19. Dezember wurde im Belvederegarten innerhalb einer grossen Taxuspyramide die faulgrüne Leiche eines weiblichen, 47 cm langen, neugeborenen Kindes gefunden. Sie war in vom Regen erweichtes und mit Spagat umschnürtes Packpapier gehüllt, jedoch in der Art, dass nur der Oberkörper damit bedeckt war, während der Unterkörper bis über die Genitalien hinauf freilag.

Am letzteren finden sich sowohl an der Vorderfläche (Fig. 190) als an der Hinterfläche (Fig. 191) zahlreiche, meist schlitzförmige, 3—4 mm lange, grösstenteils der Spaltbarkeitsrichtung der Haut parallele, ziemlich scharfrandige Trennungen, die teils vertrocknete, teils blasse, reaktionslose Ränder aufweisen. Dieselben durchdringen grösstenteils nur die Haut am linken Oberschenkel, und zwar an dessen Hinterseite reichen sie vielfach bis an die Muskeln. Hier finden sich überdies und zwar unmittelbar ober und unter der Kniekehle und etwa in der Mitte des Oberschenkels mehrfache schräg gestellte 1½—2 cm lange, ebenfalls reaktionslose Trennungen der Haut, aus denen stellenweise missfärbiges Gewebe hervorquillt. In der Kniekehle erreichen diese Trennungen ihre grösste Tiefe, so dass daselbst die Gefässe blossliegen.

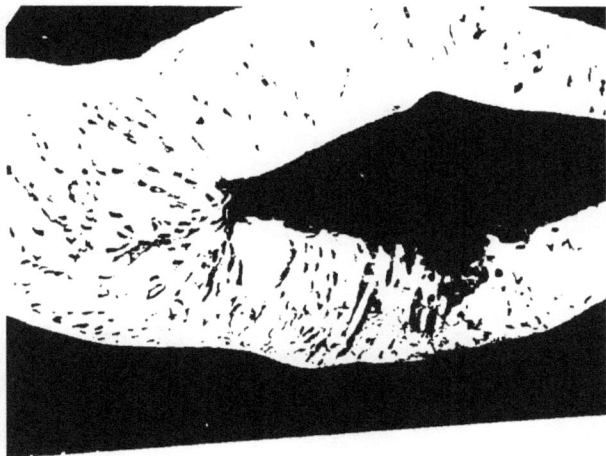

Erklärung zu Tafel 56.

Der mumificierte Leichnam eines 50jährigen Mannes, welcher im luftigen Dachstuhle einer Familiengruft sich erhängt und erst nach 10 Jahren aufgefunden worden war.

Die Abbildung ist dem « Handbuche zum Gebrauche bei gerichtlichen Ausgrabungen und Aushebung von Orfila u. Lesueur» 1835, II. Teil, entnommen und bietet ein instruktives Beispiel von sog. natürlicher Mumifikation einer menschlichen Leiche.

Die Leiche hing an einem Taschentuche aufgeknüpft in sonst sitzender Stellung und war mit Spinnengewebe und Staub bedeckt. Von Kleidern waren nur zerfallene Reste vorhanden. Die Arme waren wie bei einem Trommelschläger gestellt, vielfach von Weichteilen entblösst. Die Körperformen sind im allgemeinen erhalten, was aber nur durch die erhaltene, lederartig geschrumpfte, erdfahl gefärbte, der Oberhaut beraubte, harte, beim Anschlagen hohl klingende Haut bedingt wird. Fettpolster und Muskulatur, mit Ausnahme der geschrumpften und eingetrockneten sehnigen Gebilde, fehlten und an ihrer Stelle waren die betreffenden Räume mit staubartigen Detritus und massenhaften Exkrementen von Speckkäfern (Dermestes lardarius) und vertrockneten Larven und Puppenhüllen derselben grösstenteils angefüllt. Von den Eingeweiden fanden sich nur eingetrocknete Reste der Lungen. Am Kopfe sind nur angetrocknete Hautreste vorhanden, denen noch Kopf- und Barthaare anhaften. Am Halse waren noch die durch das Würgeband veranlassten Hautfalten (Strangfurche) zu sehen.

Der Mann war im November verschwunden, somit zu einer Zeit, in welcher für Fäulnisvorgänge nicht mehr besonders günstige Bedingungen bestehen. Dies und der Umstand, dass die Leiche in einem luftigen, vor Regen geschützten Raume blieb, hatte, nachdem die Fäulnis begonnen hatte, aber wegen Mangel an Feuchtigkeit unterbrochen wurde, eine allmälige Eintrocknung der ganzen Leiche herbeigeführt, welcher im Laufe der Zeit eine Zerstörung der Muskulatur und der Eingeweide durch Aasinsekten und deren Maden oder Larven folgte, bis schliesslich nur die resistente Haut als eine, das Knochengerüste überziehende vertrocknete Hülle zurückblieb, die sich samt den Resten der Sehnen und Faszien, wenn die Leiche nicht aufgefunden worden wäre, wahrscheinlich noch viele Jahre erhalten haben würde.

Erklärung zu Figur 192.

Hochgradige faule, zum grossen Teil von Fliegenmaden aufgefressene Leiche eines alten Mannes, die erst 16 Tage nach dem Tode aufgefunden wurde.

H. D., 78 Jahre alt, ein einsam lebender Sonderling, wurde am 6. Juli in seiner Villa tot, in einem Lehnstuhl sitzend, mit herabhängenden Armen, aufgefunden. Der Mann war am 19. Juni noch im Theater gewesen und am 20. Juni zum letztenmal im Garten seiner Villa gesehen worden.

Die Leiche ist bekleidet, vielfach von Weichteilen bis auf die Knochen entblösst, befindet sich im Zustande hochgradiger stinkender Fäulnis und ist überall von massenhaften, lebhaft sich bewegenden Fliegenmaden und von zahlreichen Fliegenpuppen bedeckt, die auch in der Fäulnisjauche der Nachbarschaft zahlreich sich finden.

Die Schädelhaut ist vollständig lederartig vertrocknet, schmutzigschwarzbraun, vorn kahl, rückwärts mit ziemlich reichlichen weisslichen Haaren besetzt. Das Gesicht unkenntlich, die geringen Weichteilreste vertrocknet. Die Augäpfel unkenntlich, die Augenhöhlen von Fliegenmaden wimmelnd.

An Stelle des Mundes eine weite, von aufgewühlten vertrockneten Weichteilresten begrenzte Höhle. Die Kiefer zahnlos und atrophisch, die Zahnfächer verschwunden.

Der Hals von Weichteilen entblösst, so dass die Wirbel frei und aus ihren Verbindungen gelöst blossliegen.

Der Brustkorb von einem dicken Hemd umschlossen, innerhalb dessen die aus ihren Verbindungen gelösten, vollkommen skelettierten Rippen und die von stinkendem Gewebsbrei bedeckten Brustwirbel freiliegen. Brust- und Baucheingeweide sind nur in unkenntlichen, schmierigen, höchst übelriechenden und von massenhaften Fliegenmaden durchwühlten Resten vorhanden. Auch die Lendenwirbel und die Beckenknochen sind freigelegt, im kleinen Becken ein schmieriger brauner Brei.

Die oberen Gliedmassen grösstenteils von Weichteilen entblösst, nur an den distalen Enden der Vorderarme und an den Händen noch schmutzig-rötliche feuchte Weichteilreste mit stellenweise erhaltener Epidermis vorhanden. Die mit Hosen bekleideten unteren Gliedmassen feucht schmierig, nur an der Vorderfläche der Oberschenkel weniger feucht, die Haut hier schmutzig braun und stellenweise lederartig trocken.

Fig. 192.

An den Füssen, die in Schuhen steckten, sind die Weichteile noch fast vollständig erhalten, feucht, die Lederhaut blossgelegt, teils schmutzig rot, teils grün, von massenhaften Fliegenmaden unterwühlt. Die Nägel an den Fingern und Zehen vielfach samt der Oberhaut abgestreift, die äusseren Genitalien nicht mehr kenntlich.

An den Knochen keine Verletzungen, auch sonst nirgends Spuren einer Gewalteinwirkung. Todesursache nicht mehr bestimmbar.

Ausser massenhaften Fliegenmaden finden sich auch ziemlich reichliche Fliegenpuppen, doch noch keine leeren. Aus diesen Puppen, die in einem Glase aufbewahrt wurden, flogen in der Nacht vom 14. auf den 15. Juli die ersten, am 16. Juli die letzten Fliegen aus. Letztere wurden als Lucilia regina bestimmt.

Wir ersehen aus dem vorliegenden Falle, in wie überraschend kurzer Zeit sich die Zerstörung einer in der Luft liegenden Leiche vollzieht und dass unter günstigen Umständen die Leiche eines Erwachsenen innerhalb 16 Tagen bis auf die blossgelegten Knochen der Weichteile beraubt sein kann. Diese rasche Zerstörung wird weniger durch die Fäulnis als solche, d. h. durch Fäulnisbakterien, als vielmehr durch Fliegenmaden veranlasst, welche sich in der heissen Jahreszeit frühzeitig aus deponierten Häufchen von Fliegeneiern (s. Fig. 188) entwickeln, rasch wachsen, in die Weichteile sich einwühlen und, indem immer neue hinzukommen, dieselben auffressen.

Da das Wachstum, die Verpuppung dieser Maden, sowie das Auskriechen neuer Fliegen aus den Puppen sich in ziemlich regelmässiger Weise vollzieht (s. Erklärung zu Fig. 188), so können diese Verhältnisse für die Bestimmung der Todeszeit ziemlich gut verwertet werden, wie dies auch im konkreten Falle geschehen ist.

Erklärung zu Tafel 193.

Schädel eines 5 Jahre alten Kindes mit sämtlichen Milchzähnen und den in Anlage vorhandenen bleibenden Zähnen.

Das Präparat soll den für gewisse Altersbestimmungen wichtigen Vorgang des Zahnwechsels veranschaulichen und ist in der Weise hergestellt, dass an dem betreffenden Schädel, an welchem sämtliche 20 Milchzähne durchgebrochen sind, die vordere Wand der Alveolarfortsätze weggemeiselt wurde, wodurch die bereits in Anlage vorhandenen bleibenden Zähne blossgelegt sind.

Da bereits sämtliche Milchzähne und zwar vollständig durchgebrochen sind, was bekanntlich unter normalen Verhältnissen erst am Ende des zweiten Lebensjahres der Fall ist, und da anderseits noch keiner der bleibenden Zähne zum Durchbruch gelangte, so muss zunächst geschlossen werden, dass der Schädel einem Kinde angehört, welches im Alter von 2 und 6—7 Jahren gestanden haben musste. Auch lässt sich aus der guten Beschaffenheit des Gebisses und dem nicht abgenützten Zustand der einzelnen Milchzähne schliessen, dass es noch ziemlich weit von der Periode des Zahnwechsels entfernt gewesen ist.

Was nun die bleibenden Zähne betrifft, so erfolgt deren Durchbruch, wie bekannt, ebenso wie der der Milchzähne in einer bestimmten, ziemlich konstanten Reihenfolge und zwar in der Regel der der unteren etwas früher als der der oberen. Zuerst, und zwar zwischen dem 6.—7. Lebensjahr, kommen die ersten Mahlzähne zum Vorschein, im 8. die inneren, im 9. die äusseren Schneidezähne, im 10. die Backenzähne, im 11.—13. die Eckzähne, im 13.—16. die zweiten Mahlzähne und zuletzt im 18. Lebensjahre oder viel später die dritten Mahlzähne.

Man kann diese Reihenfolge des künftigen Durchbruches der bleibenden Zähne, wie aus der Abbildung zu ersehen, schon an deren Anlage erkennen. Insbesondere sieht man an der verhältnismässig starken Entwicklung des sich voll präsentierenden linken unteren ersten Mahlzahns, dass dieser zuerst und demnächst zum Durchbruch gelangen wird und dass nur die Decke des Alveolarfaches denselben verhindert. Diesem zunächst stehen die inneren Schneidezähne in Bereitschaft, während die äusseren weniger hervortreten, doch immerhin mehr als die Anlagen der Backenzähne. Die Eckzähne, insbesondere die oberen, sind zwar kräftig entwickelt, stehen jedoch so hoch, dass man begreift, dass sie erst lange nach den übrigen Vorderzähnen zum Vorschein kommen können, während der späte Durchbruch der zwei letzten Mahlzähne sich dadurch kundgiebt, dass ihre Anlage kaum angedeutet ist.

Fig. 193.

Verlag von J. F. LEHMANN in MÜNCHEN.

Lehmann's medicin. Handatlanten,

nebst kurzgefassten Lehrbüchern.

Herausgegeben von

Prof. Dr. O. Bollinger, Dr. L. Grünwald, Prof Dr. O. Haab, Prof. Dr. H. Helferich, Prof. Dr. A. Hoffa, Prof. Dr. E. von Hofmann, Dr. Chr. Jakob, Prof. Dr. K. B. Lehmann, Prof. Dr. Mracek, Privatdocent Dr. O. Schäffer, Docent Dr. O. Zuckerkandl, u. a. m.

Bücher von hohem wissenschaftlichen Werte, in bester Ausstattung, zu billigem Preise,

das waren die drei Hauptpunkte, welche die Verlagsbuchhandlung bei Herausgabe dieser Serie von Atlanten im Auge hatte. Der grosse Erfolg, die allgemeine Verbreitung (die Bände sind in neun verschiedene Sprachen übersetzt) und die ausserordentlich anerkennende Beurteilung seitens der ersten Autoritäten sprechen am besten dafür, dass es ihr gelungen ist, ihre Idee in der That durchzuführen, und in diesen praktisch so wertvollen Bänden hohen wissenschaftlichen Gehalt mit vollkommener bildlicher Darstellung verbunden zu haben.

Von Lehmann's medicin. Handatlanten sind Uebersetzungen in dänischer, englischer, französischer, holländischer, italienischer, russischer, schwedischer, spanischer und ungarischer Sprache erschienen.

Verlag von J. F. LEHMANN in MÜNCHEN.

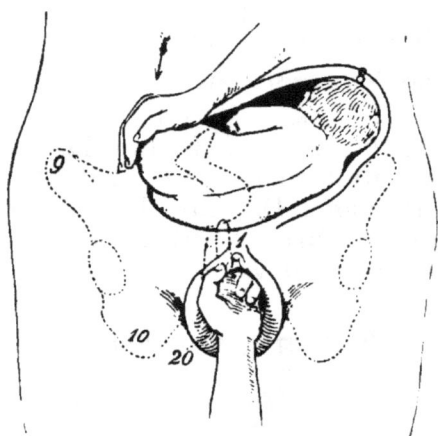

Lehmann's medicin. Hand-Atlanten

I. Band:

Atlas und Grundriss

der

Lehre vom Geburtsakt

und der operativen

Geburtshilfe

dargestellt in 126 Tafeln in Leporelloart

nebst kurzgefasstem Lehrbuche

von **Dr. O. Schäffer,**

Privatdocent an der Universität Heidelberg.

126 in zweifarbigem Druck ausgeführte Bilder.

Preis elegant gebunden Mk. 5.—.

IV. gänzlich umgearbeitete Auflage.

Die Wiener medicinische Wochenschrift schreibt:

Die kurzen Bemerkungen zu jedem Bilde geben im Verein mit demselben eine der anschaulichsten Darstellungen des Geburtsaktes, die wir in der Fachliteratur kennen.

Verlag von J. F. LEHMANN in MÜNCHEN.

Band II:

Atlas u. Grundriss der Geburtshilfe.

II. Teil: **Anatomischer Atlas der geburtshilflichen Diagnostik und Therapie.** Mit 145 farbigen Abbildungen und 220 Seiten Text. Von **Dr. O. Schäffer**, Privatdozent an der Universität Heidelberg. Preis eleg. geb. *M.* 8.—.

Der Band enthält: Die Darstellung eines jeden normalen und pathologischen Vorganges der Schwangerschaft und der Geburt, und zwar fast ausschliesslich Originalien und Zeichnungen nach anatomischen Präparaten.

Der beschreibende Text ist so gehalten, dass er dem studierenden **Anfänger** zunächst eine knappe, aber umfassende Uebersicht über das gesamte Gebiet der Geburtshilfe gibt und zwar ist diese Uebersicht dadurch sehr erleichtert, dass die Anatomie zuerst eingehend dargestellt ist, aber unmittelbar an jedes Organ, jeden Organteil, alle Veränderungen in Schwangerschaft, Geburt, Wochenbett angeschlossen, und so auf die klinischen Beobachtungen, auf Diagnose, Prognose. Therapie eingegangen wurde. Stets wird ein Vorgang aus dem andern entwickelt! Hierdurch und durch zahlreich eingestreute vergleichende und Zahlen-Tabellen wird die mnemotechnische Uebersicht sehr erleichtert.

Für **Examinanden** ist das Buch deshalb brauchbar, weil auf Vollständigkeit ohne jeden Ballast eine ganz besondere Rücksicht verwandt wurde. Für **Aerzte** weil die gesamte praktische Diagnostik und Therapie mit besonderer Berücksichtigung der Uebersichtlichkeit gegeben wurde, unter Hervorhebung der anatomischen Indicationsstellung; Abbildungen mehrerer anatomischer Präparate sind mit Rücksicht auf forense Benützung gegeben. Ausserdem enthält das Buch Kapitel über geburtshilfliche Receptur, Instrumentarium und Antiseptik.

Die einschlägige normale und pathologische Anatomie ist in einer Gruppe zusammengestellt einschliesslich der Pathologie der Becken, die Mikroskopie ist erschöpfend nach dem heutigen wissenschaftlichen Standpunkte ausgearbeitet.

Jede anatomische Beschreibung ist unmittelbar gefolgt durch die daran anschliessenden und daraus resultierenden physiologischen und klinischen Vorgänge. Der Band enthält somit nicht nur einen ausserordentlich reichhaltigen Atlas, sondern auch ein vollständiges Lehrbuch der Geburtshilfe.

Urteil der Presse.

Münchener medicinische Wochenschrift 1894 Nr. 10. Ein Atlas von ganz hervorragender Schönheit der Bilder zu einem überraschend niedrigen Preise. Auswahl und Ausführung der meisten Abbildungen ist gleich anerkennenswert, einzelne derselben sind geradezu mustergiltig schön. Man vergleiche z. B. mit diesem Atlas den bekannten von Auvard; ja selbst gegen frühere Publikationen des Lehmann'schen Verlags medicinischer Atlanten bedeutet das vorliegende Buch einen weiteren Fortschritt in der Wiedergabe farbiger Tafeln. Verfasser, Zeichner und Verleger haben sich um diesen Atlas in gleicher Weise verdient gemacht — und ein guter Atlas zu sein, ist ja die Hauptaufgabe des Buches.

Der Text bietet mehr, als der Titel verspricht: er enthält — abgesehen von den geburtshilflichen Operationen — ein vollständiges Compendium der Geburtshilfe. Damit ist dem Praktiker und dem Studierenden Rechnung getragen, welche in dem Buche neben einem Bilderatlas auch das finden, was einer Wiedergabe durch Zeichnungen nicht bedarf.

Das Werkchen wird wohl mehrere Auflagen erleben. Als Atlas betrachtet, dürfte das Buch an Schönheit und Brauchbarkeit alles übertreffen, was an Taschen-Atlanten überhaupt und zu so niedrigem Preise im besonderen geschaffen wurde.

Gustav Klein - München.

Verlag von J. F. LEHMANN in MÜNCHEN.

Lehmann's medicin. Hand-Atlanten
Band III:
Handatlas u. Grundriss der Gynäkologie.

In 64 farbigen Tafeln mit erklärendem Text.
Von Dr. O. Schäffer, Privatdozent an der Universität Heidelberg.
Preis eleg. geb. ℳ. 10.—.

Der Text zu diesem Atlas schliesst sich ganz an Band I u. II
an und bietet ein vollständiges Compendium der Gynäkologie.

Urteile der Presse:

Medicinisch-chirurg. Central-Blatt 1893 Nr. 35: Der
vorliegende Band der von uns schon wiederholt rühmlich be-
sprochenen Lehmann'schen medicinischen Atlanten bringt eine
Darstellung des gesamten Gebietes der Gynaekologie. Die treff-
lich ausgeführten Abbildungen bringen Darstellungen von klinischen Fällen und anatomischen Präparaten, wobei besonders
hervorzuheben ist, dass jeder einzelne Gegenstand von möglichst
vielen Seiten, also aetiologisch, in der Entwickelung, im secun-
dären Einfluss, im Weiterschreiten und im Endstadium oder der
Heilung dargestellt ist, und dass die Abbildungen von Präparaten
wieder durch schematische und halbschematische Zeichnungen er-
läutert sind. Der Text zerfällt in einen fortlaufenden Teil, der
von rein praktischen Gesichtspunkten bearbeitet ist und in die Erklärung der Tafeln, welche die theoretischen Ergänzungen enthält. Ausführliche Darlegungen über den Gebrauch der Sonde,
der Pessarien werden vielen Praktikern willkommen sein. Ein-
gehende Berücksichtigung der Differentialdiagnose, sowie Zusammenstellung der in der Gynaekologie gebräuchlichen Arznei-
mittel, sowie deren Anwendungsweisen erhöhen die praktische
Brauchbarkeit des Buches.

Therapeutische Monatshefte: Der vorliegende Band reiht
sich den Atlanten der Geburtshilfe desselben Autors ebenbürtig an.
Er entspricht sowohl den Bedürfnissen des Studierenden wie denen
des Praktikers. Der Schwerpunkt des Werkes liegt in den Abbildungen. In den meisten Fällen sind diese direkt nach der Natur
oder nach anatomischen Präparaten angefertigt. Manche Zeichnungen sind der bessern Uebersicht wegen mehr schematisch gehalten. Auch die einschlägigen Kapitel aus der Hystologie (Tu-
moren. Endometritisformen etc.) sind durch gute Abbildungen ver-
treten. Besonders gelungen erscheinen uns die verschiedenen
Spiegelbilder der Portio. Jeder Tafel ist ein kurzer begleitender
Text beigegeben. Der 2. Teil des Werkes enthält in gedrängter
Kürze die praktisch wichtigen Grundzüge der Gynaekologie; über-
sichtlich sind bei jedem einzelnen Krankheitsbilde die Symptome,
die differentiell-diagnostisch wichtigen Punkte u. s. w. zusammengestellt. *Feis (Frankfurt a. M.).*

Verlag von J. F. LEHMANN in MÜNCHEN

Lehmann's medic. Hand-Atlanten.

Band IV:

Atlas der Krankheiten der Mundhöhle,

des Rachens

und

der Nase.

In 69 meist
farbigen Bildern
mit erklärendem
Text von
Dr. L. Grünwald.

Preis eleg. geb.
M. 6.—.

Der Atlas beabsichtigt, eine Schule der semiostischen Diagnostik zu geben. Daher sind die Bilder derart bearbeitet, dass die einfache Schilderung der aus denselben ersichtlichen Befunde dem Beschauer die Möglichkeit einer Diagnose bieten soll. Dem entsprechend ist auch der Text nichts weiter, als die Verzeichnung dieser Befunde, ergänzt, wo notwendig, durch anamnestische u. s. w. Daten. Wenn demnach die Bilder dem Praktiker bei der Diagnosenstellung behilflich sein können, lehrt anderseits der Text den Anfänger, wie er einen Befund zu erheben und zu deuten hat.

Von den Krankheiten der Mund- und Rachenhöhle sind die praktisch wichtigen sämtlich dargestellt, wobei noch eine Anzahl seltenerer Krankheiten nicht vergessen sind. Die Bilder stellen möglichst Typen der betreffenden Krankheiten im Anschluss an einzelne beobachtete Fälle dar.

Münchener medicin. Wochenschrift 1894, Nr. 7. G. hat von der Lehmann'schen Verlagsbuchhandlung den Auftrag übernommen, einen Handatlas der Mund-, Rachen- und Nasen-Krankheiten herzustellen, welcher in knappester Form für den Studirenden Wissenswerteste zur Darstellung bringen soll. Wie das vorliegende Büchelchen beweist, ist ihm dies in anerkennenswerter Weise gelungen. Die meist farbigen Bilder sind naturgetreu ausgeführt und geben dem Beschauer einen guten Begriff von den bezüglichen Erkrankungen. Für das richtige Verständnis sorgt eine jedem Falle beigefügte kurze Beschreibung. Mit der Auswahl der Bilder muss man sich durchaus einverstanden erklären, wenn man bedenkt, welch' enge Grenzen dem Verfasser gesteckt waren. Die Farbe der Abbildungen lässt bei manchen die Beleuchtung mit Sonnenlicht oder wenigstens einem weissen künstlichen Lichte vermuten, was besser besonders erwähnt worden wäre.

Der kleine Atlas verdient den Studirenden angelegentlichst empfohlen zu werden, zumal die Preis mässig ist. Er wird es ihnen erleichtern, die in Cursen und Polikliniken beim Lebenden gesehenen Bilder dauernd festzuhalten. Killian-Freiburg.

Verlag von J. F. LEHMANN in MÜNCHEN.

Lehmann's medicin. Handatlanten.

Band V:

Atlas der Hautkrankheiten

von

Dr. Karl Kopp,

Privatdocent an der Universität München

ist vergriffen und wird ersetzt durch

den im Frühjahre 1898 erscheinenden

Atlas und Grundriss

der

Hautkrankheiten

nach

Originellaquarellen des Malers Arthur Schmitson

von

Professor Dr. Mraček in Wien.

Dieser Band, welcher als Frucht jahrelanger Arbeit bald fertig vorliegen wird, enthält neben 80 farbigen Tafeln von ganz hervorragender Schönheit noch zahlreiche schwarze Abbildungen, und einen reichen, das gesamte Gebiet der Dermatologie umfassenden Text. Die Abbildungen sind durchwegs Originalaufnahmen nach dem lebenden Materiale der Mraček'schen Klinik, und die Ausführung der Tafeln übertrifft die Abbildungen aller, selbst der theuersten bisher erschienenen dermatologischen Atlanten.

Der Preis des Buches wird circa Mk. 15.— betragen.

Verlag von J. F. LEHMANN in MÜNCHEN.

Lehmann's medicin. Handatlanten.

Band VI:

Atlas der Geschlechtskrankheiten.

Mit 51 farbigen Tafeln und 4 schwarzen Abbildungen.

Herausgegeben von Dr. **Karl Kopp**, Privatdocent
a. d. Universität München

Preis elegant gebunden Mk. 7.—.

———

Im November 1897 gelangt zur Ausgabe und tritt
alsdann an die Stelle obigen Bandes:

Atlas und Grundriss

der

Geschlechtskrankheiten

– nach

Originalaquarellen des Malers Arthur Schmitson

von

Professor Dr. Mraček in Wien.

70 farbige Tafeln, zahlreiche schwarze Abbildungen.
compendiöser aber umfassender Text,

Preis eleg. geb. ca. Mk. 12.—

Nach dem einstimmigen Urteile der zahlreichen
Autoritäten, denen die Originale zu diesem Werke vor-
lagen, übertrifft dasselbe an Schönheit Alles, was auf
diesem Gebiete nicht nur in Deutschland, sondern in der
gesamten Weltliteratur geschaffen wurde.

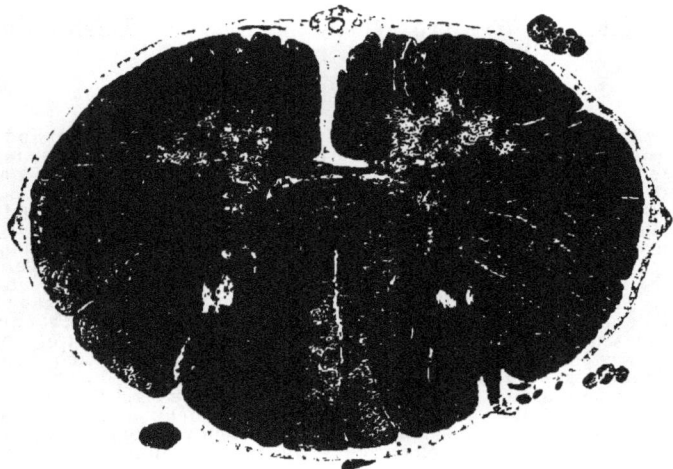

Verlag von J. F. LEHMANN in MÜNCHEN.

Lehmann's medicin. Handatlanten.

Band X.

Atlas und Grundriss der Bakteriologie

und

Lehrbuch der speciellen bakteriolog. Diagnostik.

Von

Prof. Dr. K. B. Lehmann und Dr. R. Neumann
in Würzburg.

Bd. I Atlas mit 558 farb. Abbildungen auf 63 Tafeln, Bd. II
Text 450 Seiten mit 70 Bildern.

Preis der 2 Bände eleg. geb. Mk. 15.—

Münch. medic. Wochenschrift 1896 Nr. 23. Sämtliche Tafeln sind mit
ausserordentlicher Sorgfalt und so naturgetreu ausgeführt, dass sie ein
glänzendes Zeugnis von der feinen Beobachtungsgabe sowohl, als auch
von der künstlerisch geschulten Hand des Autors ablegen.

Bei der Vorzüglichkeit der Ausführung und der Reichhaltigkeit der
abgebildeten Arten ist der Atlas ein wertvolles Hilfsmittel für die Diagnostik, namentlich für das Arbeiten im bakteriologischen Laboratorium, indem es auch dem Anfänger leicht gelingen wird, nach demselben die
verschiedenen Arten zu bestimmen. Von besonderem Interesse sind in
dem 1. Teil die Kapitel über die Systematik und die Abgrenzung der
Arten der Spaltpilze. Die vom Verfasser hier entwickelten Anschauungen
über die Variabilität und den Artbegriff der Spaltpilze mögen freilich bei
solchen, welche an ein starres, schablonenhaftes System sich weniger
auf Grund eigener objektiver Forschung, als vielmehr durch eine auf
der Zeitströmung und unerschütterlichem Autoritätsglauben begründete
Voreingenommenheit gewöhnt haben, schweres Bedenken erregen. Allein
die Lehmann'schen Anschauungen entsprechen vollkommen der Wirk-
lichkeit und es werden dieselben gewiss die Anerkennung aller vorurteils-
losen Forscher finden. — —

So bildet der Lehmann'sche Atlas nicht allein ein vorzügliches
Hilfsmittel für die bakteriologische Diagnostik, sondern zugleich einen
bedeutsamen Fortschritt in der Systematik und in der Erkenntnis des
Artbegriffes bei den Bakterien.   Prof. Dr. Hauser.

Allg. Wiener medicin. Zeitung 1896 Nr. 28. Der Atlas kann als ein sehr
sicherer Wegweiser bei dem Studium der Bakteriologie bezeichnet werden.
Aus der Darstellungsweise Lehmann's leuchtet überall gewissenhafte
Forschung, leitender Blick und volle Klarheit hervor.

Pharmazeut. Zeitung 1896 S. 471/72. Fast durchweg in Originalfiguren
zeigt uns der Atlas die prachtvoll gelungenen Bilder aller für
den Menschen pathogenen, der meisten tierpathogenen und sehr vieler
indifferenter Spaltpilze in verschiedenen Entwickelungsstufen.

Trotz der Vorzüglichkeit des „Atlas" ist der „Textband" die
eigentliche wissenschaftliche That.

Für die Bakteriologie hat das neue Werk eine neue, im Ganzen
auf botanische Prinzipien beruhende Nomenklatur geschaffen und diese
muss und wird angenommen werden.   C. Mez - Breslau.

Verlag von J. F. LEHMANN in MÜNCHEN.

Lehmann's medic. Hand-Atlanten.

Band XI/XII:

Atlas u. Grundriss der patholog. Anatomie.

In 120 farbigen Tafeln nach Originalen von Maler A. Schmitson.

Preis jeden Bandes eleg. geb. Mk. 12.—

Von Obermedicinalrat Professor **Dr. O. Bollinger.**

Prof. Bollinger hat es unternommen, auf 120 durchwegs nach Original-Präparaten des pathologischen Institutes in München aufgenommenen Abbildungen einen Atlas der pathologischen Anatomie zu schaffen und diesem durch Beigabe eines concisen, aber umfassenden Grundrisses dieser Wissenschaft, auch die Vorzüge eines Lehrbuches zu verbinden.

Von dem glücklichen Grundsatze ausgehend, unter Weglassung aller Raritäten, nur das dem Studierenden wie dem Arzte wirklich Wichtige, das aber auch in erschöpfender Form zu behandeln, wurde hier ein Buch geschaffen, das wohl mit Recht zu den praktischsten und schönsten Werken unter den modernen Lehrmitteln der medizinischen Disziplinen zählt. Es ist ein Buch, das aus der Sectionspraxis hervorgegangen und daher wie kein anderes geeignet ist, dem secierenden Arzte und Studenten Stütze resp. Lehrer bei der diagnostischen Section zu sein.

Die farbigen Abbildungen auf den 120 Tafeln sind in 15 fachem Farbendruck nach Originalaquarellen des Malers A. Schmitson hergestellt und können in Bezug auf Naturwahrheit und Schönheit sich dem besten auf diesem Gebiete geleisteten ebenbürtig an die Seite stellen. Auch die zahlreichen Textillustrationen sind von hervorragender Schönheit. Der Preis ist im Verhältnis zum Gebotenen sehr gering.

Excerpta medica (1896. 12): Der Band birgt lauter Tafeln, die unsere Bewunderung erregen müssen. Die Farben sind so naturgetreu wiedergegeben, dass man fast vergisst, nur Bilder vor sich zu haben. Auch der Text dieses Buches steht, wie es sich bei dem Autor von selbst versteht, auf der Höhe der Wissenschaft, und ist höchst präcis und klar gehalten.

Korrespondenzblatt f. Schweizer Aerzte 1895 24: Die farbigen Tafeln des vorliegenden Werkes sind geradezu mustergiltig ausgeführt. Die complicierte Technik, welche dabei zur Verwendung kam (15 facher Farbendruck nach Original-Aquarellen) lieferte überraschend schöne, naturgetreue Bilder, nicht nur in der Form, sondern eben namentlich in der Farbe, so dass man hier wirklich von einem Ersatz der natürlichen Präparates reden kann. Der praktische Arzt, welcher erfolgreich seinen Beruf ausüben soll, darf die pathol. Anatomie, „diese Grundlage des ärztl. Wissens und Handelns" (Rokitansky) zeitlebens nie verlieren. — Der vorliegende Atlas wird ihm dabei ein ausgezeichnetes Hilfsmittel sein, dem sich zur Zeit, namentlich wenn man den geringen Preis berücksichtigt, nichts Aehnliches an die Seite stellen lässt. Die Mehrzahl der Tafeln sind reine Kunstwerke; der verbindende Text aus der bewährten Feder Prof. Bollinger's gibt einen zusammenhängenden Abriss der für den Arzt wichtigsten path.-anat. Processe. — Verfasser und Verleger ist zu diesem prächtigen Werke zu gratulieren.

E. Haffter
(Redacteur d. Corr.-Bl. f. Schweizer Aerzte).

Verlag von J. F. LEHMANN in MÜNCHEN.

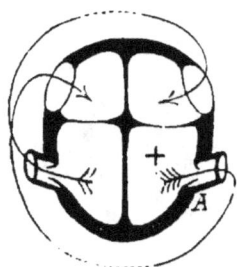

Lehmann's medic. Handatlanten.

Band XV.

ATLAS

der

Klinischen

Untersuchungsmethoden

nebst

Grundriss der klinischen Diagnostik

und der

speciellen Pathologie und Therapie der inneren Krankheiten

von

Dr. Christfr. Jacob,

s. Z. I. Assistent der medicinischen Klinik in Erlangen.

Mit 182 farbigen Abbildungen auf 68 Tafeln u. 250 Seiten Text mit 64 Textabbildungen.

Preis eleg. geb. 10 Mark.

Während alle anderen Atlanten sich meist nur an Spezialisten wandten, bietet dieser Band für **jeden** praktischen Arzt und für **jeden** Studenten ein geradezu unentbehrliches Vademecum.

Neben einem vorzüglichen Atlas der klinischen Mikroskopie sind in dem Bande die **Untersuchungsbefunde** aller inneren Krankheiten in instruktivster Weise in 50 vielfarbigen schematischen Bildern zur Darstellung gebracht. Nach dem Urteil eines der hervorragendsten Kliniker, ist das Werk für den Studierenden ein Lehrmittel von unschätzbarem Werte, für den praktischen Arzt ein Repertorium, in dem er sich sofort orientieren kann und das ihm in der täglichen Praxis vorzügliche Dienste leistet.

Verlag von J. F. LEHMANN in MÜNCHEN.

Lehmann's medicinische Handatlanten.

Band XVI.

Atlas
und
Grundriss

der

chirurgischen
Operationslehre

von

Dr. Otto Zuckerkandl

Privatdozent an der Universität Wien.

24 farbige Tafeln nach Originalaqarellen des Malers
Bruno Keilitz.

217 schwarze Abbildungen meist auf Tafeln. 27 Bog. Text.

Preis eleg. geb. M. 10.—

Dieses hervorragend instruktive Werk des bekannten Wiener Chirurgen schliesst sich würdig an Professor Helferich's Atlas der Frakturen und Professor Hoffa's Verbandlehre an und wird sich gewiss gleich diesen Bänden aus den medicinischen Handatlanten in kürzester Zeit nicht nur bei den Studierenden als unentbehrliches Lehrbuch, sondern auch bei den praktischen Aerzten als hochgeschätztes Nachschlagewerk einbürgern.

Verlag von J. F. LEHMANN in MÜNCHEN.

Cursus der topographischen Anatomie

von **Dr. N. Rüdinger**, o. ö. Professor an der Universität München.

Dritte stark vermehrte Auflage.

Mit 85 zum Teil in Farben ausgeführten Abbildungen.

Preis broschiert Mk. **9.**—, gebunden Mk. **10.**·.

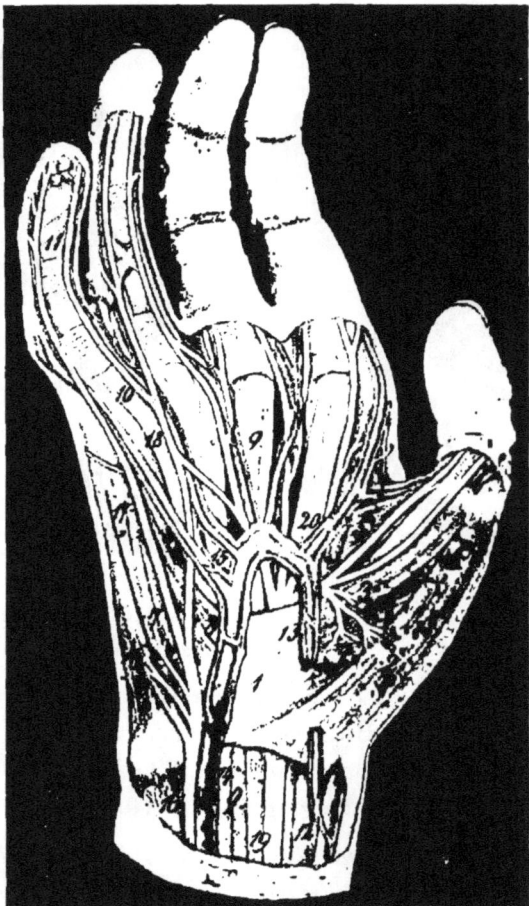

Das Original ist in 3 Farben ausgeführt.

Allg. medic. Centralzeitung. 1892. 9. März: Der Verfasser des vorliegenden Buches hat einem wirklichen Bedürfnis abgeholfen, indem er den Studierenden und Aerzten ein aus der Praxis des Unterrichts hervorgegangenes Werk darbietet, das in verhältnismässig kurzem Raum alles Wesentliche klar und anschaulich zusammenfasst. Einen besonderen Schmuck des Buches bilden die zahlreichen, in moderner Manier und zum Teil farbig ausgeführten Abbildungen. Wir können das Werk allen Interessenten nicht dringend genug empfehlen.

Verlag von J. F. LEHMANN in MÜNCHEN.

Geburtshülfliche Taschen-Phantome.

Von Dr. K. Shibata.

Mit einer Vorrede von **Professor Dr. Frz. v. Winckel.**

16 Seiten Text. Mit 8 Text-Illustrationen, zwei in allen Gelenken beweglichen Früchten und einem Becken.

Dritte, vielfach vermehrte Auflage. Preis elegant geb. *M. 3.—*

Das **Correspondenzblatt Schweizer Aerzte** schreibt: Meggendorfer's bewegliche Bilderbücher im Dienste der Wissenschaft. Der kleine Geburtshelfer in der Westentasche. Letzteres gilt buchstäblich, denn das niedliche, cartonnierte Büchelchen lässt sich in jedem Rockwinkel unterbringen. Es enthält ausser acht Text-Illustrationen Phantome aus starkem Papier, nämlich ein, dem Einbandcarton aufgeleimtes Becken und zwei Früchte mit beweglichem Kopf und Extremitäten. Diese Früchte lassen sich in das Becken einschieben und daraus entwickeln; die eine von der Seite gesehene dient zur Demonstration der Gerad-, die andere, von vorn gesehene, zu derjenigen der Schieflagen.

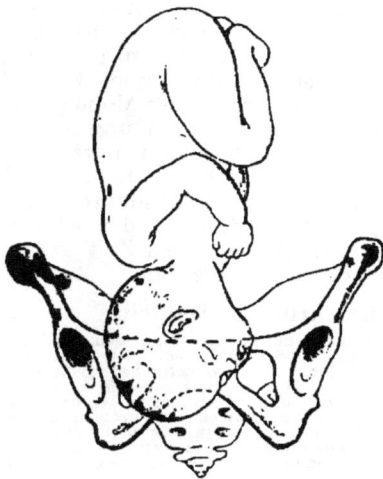

Da auch der Rumpf durch ein Charnier beweglich gemacht ist, lassen sich die Einknickungen desselben bei Gesichts-, Stirn- und Vorderscheitelstellungen, sowie bei den Schieflagen naturgetreu nachahmen. Die Peripherie des Kopfes, welchen bei den verschiedenen Lagen des Letzteren als grösste das Becken passieren, ist am Phantom durch Linien bezeichnet, auf welchen die Grösse des betreffenden Umfanges notiert ist.

Mit diesem kleinen und leicht bei sich zu tragenden Taschenphantom kann sich derjenige, welcher eine solche Nachhilfe wünscht, jederzeit äusserst leicht Klarheit über die Verhältnisse der Kindesteile zu den mütterlichen Sexualwegen verschaffen, — die erste Bedingung für richtige Prognose und Therapie.

E. Haffter.

Verlag von J. F. LEHMANN in MÜNCHEN.

Grundzüge der Hygiene

von **Dr. W. Prausnitz**,
Professor an der Universität Graz.

Für Studierende an Universitäten und technischen Hochschulen, Aerzte, Architekten und Ingenieure.

Dritte vermehrte und erweiterte Auflage.
Mit 507 Seiten Text und 205 Original-Abbildungen.
Preis broch. M. 7.—, geb. M. 8.—.

Das Vereinsblatt der pfälz. Aerzte schreibt: Das neue Lehrbuch der Hygiene ist in seiner kurz gefassten, aber präcisen Darstellung vorwiegend geeignet zu einer raschen Orientierung über das Gesamtgebiet dieser jungen Wissenschaft. Die flotte, übersichtliche Darstellungsweise, Kürze und Klarheit, verbunden mit selbständiger Verarbeitung und kritischer Würdigung der neueren Monographien und Arbeiten, Vermeidung alles unnötigen Ballastes sind Vorzüge, die gerade in den Kreisen der praktischen Aerzte und Studenten, denen es ja zur Vertiefung des Studiums der Hygiene meist an Zeit gebricht, hoch geschätzt werden.

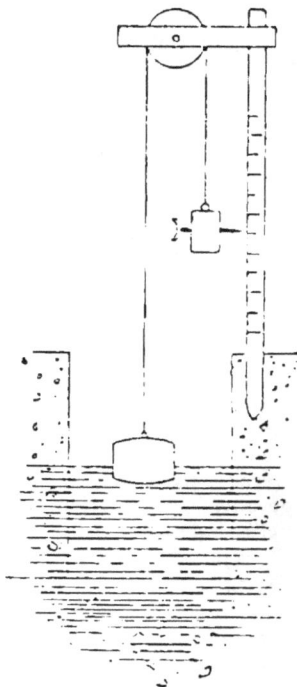

Fortschritte d. Medicin.

Der Autor hat es versucht, in dem vorliegenden Buche auf 507 Seiten in möglichster Kürze das gesamte Gebiet der wissenschaftlichen Hygiene so zur Darstellung zu bringen, dass diese für die Studierenden die Möglichkeit bietet, das in den hygienischen Vorlesungen und Cursen Vorgetragene daraus zu ergänzen und abzurunden. Das Buch soll also einem viel gefühlten und oft geäussertem Bedürfnisse nach einem kurzen Leitfaden der Hygiene gerecht werden.

In der That hat Prausnitz das vorgesteckte Ziel in zufriedenstellender Weise erreicht. Die einzelnen Abschnitte des Buches sind alle mit gleicher Liebe behandelt, Feststehendes ist kurz und klar wiedergegeben, Controversen sind vorsichtig dargestellt und als solche gekennzeichnet; selbst die Untersuchungsmethoden sind kurz und mit Auswahl skizziert und das Ganze mit schematischen, schnell orientierenden Zeichnungen zweckmässig illustriert. Referent wäre vollkommen zufrieden, künftig konstatieren zu können, dass die von ihm examinierten Studierenden der Medicin den Inhalt des Buches aufgenommen — und auch verdaut haben.

Halle a. S. *Renk.*